普通高等教育“十三五”规划教材

药物合成反应实验

第二版

刘玮炜 主 编
曹志凌 王秀军 副主编

化学工业出版社
·北京·

内容简介

《药物合成反应实验》精心选择了有代表性的药物合成反应实验，包括21个典型性的药物综合合成实验及34个必需的有机药物合成实验。在55个实验中，兼顾了药物合成涉及的七种主要单元反应（酰化反应、烃化反应、缩合反应、还原反应、氧化反应、卤化反应、重排反应和杂环化及其他反应）以及近年来发展的药物合成新反应、新技术、新合成方法，将一些新药物的合成方法加入教材，如卡培他滨、比卡鲁胺和舒尼替尼的合成，保持教材的新颖性，同时，本教材也将绿色合成的理念贯穿其中。

本教材内容由浅入深、实用性强，特别适合本科院校制药工程专业教学使用，也可作为高职高专制药技术类专业的教材。

图书在版编目（CIP）数据

药物合成反应实验/刘玮炜主编. —2版. —北京：化学工业出版社，2021.5(2023.1重印)

普通高等教育"十三五"规划教材

ISBN 978-7-122-38622-9

Ⅰ.①药… Ⅱ.①刘… Ⅲ.①药物化学-有机合成-化学反应-实验-高等学校-教材 Ⅳ.①TQ460.3-33

中国版本图书馆CIP数据核字（2021）第036420号

责任编辑：赵玉清　李建丽　周　倜　　文字编辑：刘洋洋

责任校对：王鹏飞　　装帧设计：王晓宇

出版发行：化学工业出版社（北京市东城区青年湖南街13号　邮政编码100011）

印　　装：大厂聚鑫印刷有限责任公司

710mm×1000mm　1/16　印张9¼　字数164千字　2023年1月北京第2版第3次印刷

购书咨询：010-64518888　　售后服务：010-64518899

网　　址：http：//www.cip.com.cn

凡购买本书，如有缺损质量问题，本社销售中心负责调换。

定　　价：36.00元

《药物合成反应实验》编者名单

主　编：刘玮炜　江苏海洋大学

副主编：曹志凌　江苏海洋大学

　　　　王秀军　江苏海洋大学

参　编：唐丽娟　江苏海洋大学

　　　　吴庆利　江苏海洋大学

　　　　杨明利　南京医科大学康达学院

　　　　邵仲柏　江苏海洋大学

　　　　蒋凯俊　江苏海洋大学

第二版前言

鉴于普通地方高校制药工程专业的特点，需要适合本专业的药物合成反应的实验教学的教材，因尚未见正式出版的药物合成反应实验教材，我们将本校使用的讲义进行修改完善，在此基础上编写药物合成反应实验教材。药物合成是一门实践性很强的学科，药物合成实验对培养学生实践创新能力起着至关重要的作用。药物合成反应 2004 年被列入我校立项建设精品课程，药物合成反应实验教材也被评为江苏省高等学校立项建设精品教材，该教材的编写出版将使我校药物合成反应课程建设迈上新台阶。

本书精心选择了有代表性和典型性的 21 个药物综合合成实验以及 34 个必需的有机药物合成实验方法。在 55 个实验中，兼顾了药物合成涉及的七种主要单元反应以及近年来发展的药物合成新反应、新技术、新合成方法，供各院校选择使用。

本教材根据国内非重点高校现有的实验条件以及学生层次等因素来确定教材的难度和深度。因此所编选实验力求容易操作，且有利于增强学生的学习兴趣。本教材内容由浅入深、实用性强，特别适合本科院校制药工程专业教学使用，也可作为高职高专制药技术类专业的教材。

本书的内容参阅了部分已出版的教科书和专业期刊，由于编者的经验与业务水平有限，书中难免有错误与不当之处，敬请各校师生批评指正，以便不断提高本书质量。

编者

2020 年 10 月

目录

第三章

一般药物反应实验 / 041

第一章

药物合成反应实验基本常识

第一节 ／ 事故预防与安全

因为药物合成反应实验室所用的药品试剂多数是有毒、可燃、具腐蚀性或爆炸性的，所用的仪器大部分又是易碎的玻璃制品，所以，在实验室工作，若违反操作规则或粗心大意，就容易发生事故，如割伤、烧伤，乃至火灾、中毒和爆炸等。然而，只要足够重视安全问题，思想上提高警惕，实验时严格遵守操作规程，加强安全措施，大多数事故是可以避免的。

一、火灾与爆炸

1. 易燃液体试剂

闪点在45℃以下的液态物质属于易燃液体。药物合成反应实验使用的溶剂试剂多属易燃液体，例如甲苯、乙醇、丙酮、甲醛、乙醚、乙腈、氯仿等。这些试剂极易着火，燃烧猛烈且燃烧时间长。易燃液体挥发出来的蒸气与空气混合，浓度达到一定程度时，遇明火往往发生爆炸，破坏性很大。

2. 易燃固体试剂

凡燃点较低，遇火、受热、摩擦、撞击或与氧化剂接触能着火的固体物质统称为易燃固体。红磷（赤磷）、五硫化磷、二硝基化合物（二硝基甲苯）等均属于一级易燃固体。易燃固体燃点低，易燃烧或爆炸，燃烧速度快，并能放出有毒气体。

3. 压缩气体

为了便于储运和使用，经加压后充装在钢瓶里的气体叫压缩气体。实验室常见的有氧气、氮气、氢气、氨气等。钢瓶内的压力一般都比较高，如氧气、氢气压力一般都有15MPa，在接触明火或高温时，瓶内压力会急剧上升，超过允许压力时钢瓶就会爆炸。

4. 氧化剂

药物合成反应实验中一些氧化剂具有较强的氧化性，分解温度通常较低，遇酸、碱、潮湿、高温、摩擦、冲击或与可燃物、还原剂等接触而发生分解并引起燃烧或爆炸。例如氯酸盐类、硝酸盐类和高锰酸盐类等属于无机氧化剂，而过氧化二苯甲酰、过氧乙酸等有机过氧化物在一定条件下会激烈地燃烧或爆燃，甚至有可能爆炸。

5. 遇水燃烧物质

锂、钠、钾等金属及其氢化物、磷化物和硼烷等遇水或潮湿空气能分解产生可燃气体，同时放出大量热量使可燃气体达到自燃点，从而引起燃烧爆炸。对于遇水燃烧物质，注意防水、防潮、严禁火种接近，在扑救这类火灾时，可使用干粉、干砂等，严禁用水。

二、化学毒害与污染

实验室一些有毒化学药品与人体组织接触会导致器官损伤，甚至导致人死亡。实验室常见有毒气体有臭氧、二氧化硫、二氧化氮、一氧化碳、氯气、碘蒸气、氨等。吸入后会立即引起咳嗽、胸闷、鼻塞、流泪等黏膜刺激症状，严重时发生中毒死亡。氢氰酸、氰化钠（钾）、汞及汞化物、铬盐及重铬酸盐粉末、四氯化碳、苯、甲苯、苯酚、苯胺、硝基苯等经皮肤吸收可引起中毒。实验室中有致癌作用的有毒药品有：芳香胺、联苯胺、苯并芘、硫酸二甲酯、亚硝基化合物等。这些常见有毒药品对人体产生毒害作用主要通过空气传播，接触皮肤或误入口内等途径。实验中应采取必要措施，如改善通风环境、戴护目镜和乳胶手套等，以避免化学毒害。

三、事故处置与预防

1. 火灾的预防

① 严禁在开口容器或密闭体系中用明火加热有机溶剂，保持实验场所通风

良好，严禁在实验室吸烟。

② 废溶剂应倒入回收瓶内再集中处理，互不兼容的化学废弃物要分开收集。废钠、钾及钠钾合金等严禁与水接触，可以分批加到异丙醇或乙醇中进行销毁。

③ 油浴使用过程中，要有人看管，随时观察控温装置是否有效。实验室及禁烟区内禁止吸烟，做实验期间严禁脱岗，过夜实验须经申请得到同意后按要求进行。

④ 应始终密闭试剂瓶盖，除非需要倾倒液体。易燃、易爆及有毒液体溢出，应立即清理干净。

为了预防实验中可能发生的着火事故，在实验前必须对所用到的试剂、溶剂等有尽可能详尽的了解。一般说来化合物闪点愈低，愈易燃烧，如果同时沸点也较低（挥发性大），则使用时更应加倍小心。

2. 消防灭火

与其他化学实验室一样，药物合成反应实验室一般不用水灭火！因为水能和一些药品（如钠）发生剧烈反应，用水灭火时会引起更大的火灾甚至爆炸。实验室必备的几种灭火器材有沙箱、灭火毯、二氧化碳灭火器和泡沫灭火器。有机溶剂在桌面或地面上蔓延燃烧时，不得用水冲，可撒上细沙或用灭火毯扑灭。若衣服着火，切勿慌张奔跑，以免风助火势。化纤织物最好立即脱除。一般小火可用湿抹布、灭火毯等包裹使火熄灭。若火势较大，可就近用水龙头浇灭。必要时可就地卧倒打滚，一方面防止火焰烧向头部，另一方面在地上压住着火处，使其熄火。

3. 防爆措施

① 严禁在密闭体系中进行蒸馏、回流等加热操作。严禁在加压或减压实验时使用不耐压的玻璃仪器，在做高压或减压实验时，应使用防护屏或戴防护面罩。

② 气体钢瓶在使用前要检查减压阀是否失灵。不得让气体钢瓶在地上滚动，不得撞击钢瓶表头，更不得随意调换表头。搬运钢瓶时应使用钢瓶车。

③ 谨防反应过于激烈而失去控制。防止易燃、易爆气体，如氢气、乙炔等气体烃类、煤气和有机蒸气等大量逸入空气，引起爆燃。

④ 在使用和制备易燃、易爆气体时（如氢气、乙炔等），必须在通风橱内进行，且不得在其附近点火。

⑤ 实验场所最重要的是眼睛的防护！在实验室里应该一直佩戴护目镜（平光玻璃或有机玻璃眼镜），防止眼睛受刺激性气体熏染，防止任何化学药品特别是强酸、强碱、玻璃屑等异物进入眼内。

4. 毒害防治

① 严禁在酸性介质中使用氰化物。

② 禁止用手直接取用任何化学药品，使用毒品时除用药匙、量器外必须佩戴防护手套，实验完毕后应马上清洗仪器用具，并立即用洗手液洗手。

③ 尽量避免吸入任何药品和溶剂蒸气。处理具有刺激性的、恶臭的和有毒的化学药品时，必须在通风橱中进行。通风橱开启后，不要把头伸入橱内，并保持实验室通风良好。

④ 禁止用口吸吸管移取浓酸、浓碱、有毒液体，应该用洗耳球吸取。禁止冒险品尝药品试剂，不得用鼻子直接嗅气体，而是用手向鼻孔扇入少量气体。

⑤ 眼睛灼伤或掉进异物应及时处理，眼内一旦溅入任何化学药品，立即用大量水彻底冲洗，实验室内应备有专用洗眼水龙头。忌用稀酸中和溅入眼内的碱性物质，反之亦然。对溅入碱金属、溴、磷、浓酸、浓碱或其他刺激性物质的眼睛灼伤者，急救后必须迅速送往医院检查治疗。

⑥ 皮肤灼伤的处理

a. 酸灼伤。先用大量水冲洗，以免深度受伤，再用稀 $NaHCO_3$ 溶液或稀氨水浸洗，最后用水洗。

b. 碱灼伤。先用大量水冲洗，再用 1%硼酸或 2% CH_3COOH 溶液浸洗，最后用水洗。

c. 溴灼伤后的伤口一般不易愈合，必须严加防范。凡用溴时都必须预先配制好适量的 20% $Na_2S_2O_3$ 溶液备用。一旦有溴沾到皮肤上，立即用 $Na_2S_2O_3$ 溶液冲洗，再用大量水冲洗干净，并立即就医。

⑦ 中毒急救，实验中若感觉咽喉灼痛，出现嘴唇脱色或发绀、胃部痉挛或恶心呕吐、心悸头晕等症状，则可能系中毒所致。视中毒原因采取下述急救措施后，立即送医院治疗，不得延误。固体或液体毒物中毒，有毒物质尚在嘴里的应立即吐掉，再用大量水漱口。已经吞下的，应根据毒物性质给以解毒剂，并立即送医疗单位。误食碱者，先饮大量水再喝些牛奶。误食酸者，先饮大量水，然后服用氢氧化铝膏、鸡蛋白。不要用催吐药，也不要服用碳酸盐或碳酸氢盐。

⑧ 割烫伤的处理，在切割玻管或向木塞、橡皮塞中插入温度计、玻管等物品时最容易发生割伤。管壁用几滴水或甘油润湿后，用布包住用力部位轻轻旋

入，切不可用猛力强行连接。一旦被烫伤，立即将伤处用大量冷水冲淋或浸泡，以迅速降温避免深度烧伤。对轻微烫伤，可在伤处涂些鱼肝油或烫伤油膏、万花油后包扎。

5. 用电安全

实验开始以前，应先由教师检查线路，经同意后，方可插上仪器设备电源。不能用潮湿的手接触电器，所有电源的裸露部分都应有绝缘装置。如遇人触电，应切断电源后再行处理。实验结束要及时关闭设备电源。

第二节 / 实验预习与思考

一、预习

充分的预习是做好药物合成反应实验的前提和保证。首先必须阅读本书第一部分的有关内容，了解实验室安全规则。其次要仔细阅读实验内容，领会实验原理，了解有关实验步骤和注意事项。此外还需要查阅有关化合物的物理常数，了解所用试剂的性质和仪器的使用方法，制订好实验计划并按要求在实验记录本上写出预习报告，预习报告包括以下几方面。

① 了解和熟悉要合成的药物或中间体化合物的结构特点、用途、化学名称、熔沸点和溶解性等理化性质。

② 通过预习熟悉实验目的、原理，实验拟采用的合成路线、试剂和所涉及的合成单元反应，熟悉产品纯化方法与检测方法。根据文献资料对所选路线进行比较和评价，进一步加深对反应机理及影响因素的认识，并从机理上分析可能的副反应。

③ 根据实验步骤和反应流程确定所需实验装置，熟悉实验所用的玻璃仪器和设备，画出装置图。

④ 以简要形式写出主要实验步骤，教材中的文字叙述可用符号、箭头等简化形式表示。

二、药物合成反应文献资料

在药物合成反应实践环节，借鉴前人的理论与经验总结非常主要。专业论著、工具书以及丰富的网络资源给我们提供了大量成功与失败的案例，从中可以获得启发与参考依据。

1. 百科全书、手册

（1）《化工辞典》 由姚虎卿主编，化学工业出版社出版，自 1969 年第一版出版以来，颇受欢迎。《化工辞典》是一本综合性化工工具书，收集了有关化学、化工名词 1 万余条，列出了物质的分子式、结构式，基本的物理化学性质及相对密度、熔点、沸点、溶解度等数据，并有简要的制法和用途说明。最新版《化工辞典》第 5 版以化学工程技术学科为核心，全面反映了化工基础理论和技术的应用与发展，以及与化工相关专业交叉的技术。

（2）《默克索引：化学品、药物和生物制品百科全书》（*The Merck Index：An Encyclopedia of Chemicals，Drugs，and Biologicals*） 第 14 版由美国默克（Merck）公司 2008 年出版。该索引于 1889 年出第一版，迄今已有 130 多年的历史，是药学中相当重要的参考工具书。该书收载化学制品、药物、生物制剂万余种，8000 多个化学结构式。

（3）《有机化合物词典》（*Dictionary of Organic Compounds*） 是有机化学中常用的工具书之一，首次出版于 1934 年，第 5 版开始由美国 Chapman & Hall 出版发行。至 1996 年已出 6 版 9 卷，另外还有两卷增补。共收录 6.1 万多个基本有机化合物、有应用价值的化合物、实验室常用试剂和溶剂、重要天然产物和生化物质等。该书已有中文译本，书名为《汉译海氏有机化合物辞典》。

（4）《有机合成事典》 樊能廷编，北京理工大学出版社 1992 年第 1 版。本书收入常用有机化合物 1700 余种，按反应类型编录，对每种有机化合物的品名、化学文摘登录号、英文名、别名、分子式、分子量、物理性质、合成反应、操作步骤及参考文献均有介绍，并附有分子式索引。

（5）《Beilstein 有机化学手册》（*Beilsteins Handbuch der Organischen Chemie*） 这是一本十分完备的有机化学工具书，1880 年由 Friedrich Konrad Beilstein 编辑第 1 版，1951 年德国化学会 Beilstein 研究所编辑出版第 5 次修订版。该丛书是全世界有机化学方面资料最完备、最权威的大型参考工具书。手册内容非常丰富，不仅介绍了化合物的来源、性质、用途及合成分析方法，而且还附有原始文献，极具参考价值，在医药化工领域得到了广泛应用。随着信息技术的不断进步，Beilstein 也在不断发展变化。爱思唯尔（Elsevier）公司出品了 Reaxys 数据库，是 Beilstein/Gmelin 的升级产品。Reaxys 将贝尔斯坦（Beilstein）、专利化学数据库（Patent）和盖墨林（Gmelin）的内容整合为统一的资源，包含了 2800 多万个反应、1800 多万种物质、400 多万条文献。在 Reaxys 中提交一个化合物或者反应的检索，就可以马上得到所有相关的实验数据。

Reaxys 数据库网址：https：//www. reaxys. com。

2. 有机合成丛书、实验手册

(1)《有机合成》(*Organic Synthesis*) 本书最初由 R. Adams 和 H. Gilman 主编，于 1921 年开始出版，每年一卷，2010 年出版了第 88 卷。本书主要介绍各种有机化合物的制备方法，也介绍了一些有用的无机试剂的制备方法。书中所选实验步骤叙述得非常详细，并有附注介绍作者的经验及注意点。书中每个实验步骤都经过其他人的核对，因此内容成熟可靠，是很有价值的有机化合物制备参考书。另外，本书每 10 卷有一合订本（Collective Volume），卷末附有分子式、反应类型、化合物类型、主题等索引。

现该丛书已经有网络版可供免费使用，网址：http：//www. orgsyn. org/。

(2)《有机反应》(*Organic Reactions*) 由 R. Adams 主编。自 1951 年开始出版，2008 年已出版 71 卷。本书主要是介绍有机化学中有理论价值和实际意义的反应，每个反应都分别由在这方面有一定经验的人来撰写。书中对有机反应的机理、应用范围、反应条件等都作了详尽的讨论，并用图表指出在这个反应的研究工作中不同研究人员做过哪些工作。卷末有以前各卷的作者索引和章节及题目索引。

(3)《有机合成试剂》(*Reagents for Organic Synthesis*) 由 L. Fieser 主编，Wiley 出版。这是一本有机合成试剂的全书，书中收集面很广。第一卷于 1967 年出版，至 2004 年已出版到第 22 卷。本书对入选的每个试剂都介绍了化学结构、分子量、物理常数、制备和纯化方法和合成方面的应用等，并提出了主要的原始资料以备进一步查考。每卷卷末附有反应类型、化合物类型、合成目标物、作者和试剂等索引。

(4)《沃格尔的实践有机化学教科学》(*Vogel's Textbook of Practical Organic Chemistry*) 这是一本较完备的实验教科书。内容主要包括实验操作技术、基本原理及实验步骤、有机分析。很多常用的有机化合物的制备方法大都可以在这里找到，而且实验步骤比较成熟。该书第五版于 1989 年由英国 Longman

公司出版。

（5）《有机制备化学手册》 韩广甸等编写，由化学工业出版社出版。本套书是常用的有机合成参考书，共分上、中、下 3 卷，包括实验操作技术、溶剂的精制、辅助试剂的制备、典型有机反应的基本理论以及制备方法等，其中列有 451 种有机化合物的详尽制备步骤。

3. 检索工具

（1）SciFinder SciFinder 是美国化学会化学文摘服务社所出版的《化学文摘》（*Chemical Abstract*）的在线版数据库学术版，是全世界最大、最全面的化学和科学信息数据库，可以通过结构式、CAS 号、研究主题、作者、研究机构等进行在线检索。SciFinder 新增的功能模块 SciPlanner 可让科学家快速锁定合成选项。用户可按最有用的方式组织检索结果，整合多个文件中的物质、反应和实验步骤等。SciFinder 需购买数据库使用权并安装客户端软件使用。

SciFinder 官方网址：http：//www.cas.org/products/scifinder。

（2）科学引文索引（Web of Science） Web of Science 是美国 Thomson Scientific（汤姆森科技信息集团）基于 Web 开发的产品，是大型综合性、多学科、核心期刊引文索引数据库。其中的科学引文索引数据库（SCI：Science Citation Index），历来被公认为世界范围最权威的科学技术文献的索引工具，能够提供科学技术领域最重要的研究成果。SCI 引文检索的体系更是独一无二，不仅可以从文献引证的角度评估文章的学术价值，还可以迅速方便地组建研究课题的参考文献网络。

4. 专业期刊

（1）《美国化学会志》（*Journal of the American Chemical Society*，*J. Am. Chem. Soc.*） 创刊于 1879 年，在业界有极高的声誉，文章内容包括一些重要问题的应用性方法论、新的合成方法、新奇的理论发展和有关重要结构和反应的新进展，美国出版。

（2）《四面体》（*Tetrahedron*） 发表的是具有突出重要性和及时性的实验及理论研究结果，主要包括有机化学及其相关应用领域特别是生物有机化学，英国出版。

（3）《四面体快报》（*Tetrahedron Letters*） 期刊属于周刊，发表实验和理论有机化学在技术、结构、方法方面研究的最新进展，英国出版。

(4)《有机化学》(*The Journal of Organic Chemistry*，*J.Org.Chem.*) *J.Org.Chem.* 是一份向全世界的化学工作者展示有机化学领域最新研究成果的期刊，除了正规的论文，还有小的专题综述及国际会议文集，美国出版。

(5)《合成》(*Synthesis*) *Synthesis* 是一份报道有机合成研究结果的国际性刊物。主要发表有关有机合成的综述和论文，包括金属有机、杂原子有机、光化学、药物和生物有机、天然产物、有机高分子和材料，德国出版。

(6)《合成快报》(*Synlett*) *Synlett* 报道有机合成研究结果和趋势，短篇幅的个人综述和快速的工作简报，德国出版。

(7)《有机快报》(*Organic Letters*) *Organic Letters* 发表最新有关有机化学重大研究的简报，包括生物有机和药物化学、物理和理论有机化学、天然产物分离及合成、新的合成方法、金属有机和材料化学，美国出版。

(8)《化学评论》(*Chemical Reviews*) *Chemical Reviews* 的宗旨在于发表广泛的、专业的、重要的和可读性强的研究工作，这些工作涉及有机、无机、物理、分析理论及生物化学等各个化学领域，美国出版。

(9)《杂环》(*Heterocycles*) *Heterocycles* 为有机化学、药物化学和分析化学等领域的杂环化合物研究提供了一个良好的平台，该期刊发表综述、通讯及一般的科研论文，日本出版。

(10)《药物化学杂志》(*Journal of Medicinal Chemistry*) *Journal of Medicinal Chemistry* 主要刊登药物化学（包括药物合成与活性研究）的最新研究成果，美国出版。

第三节 / 记录与报告

实验记录应记录实验的全部过程，要将观察到的实验现象及测得的各种数据及时真实地记录下来。在实验过程中，实验者应认真操作，仔细观察，积极思考，养成一边实验一边直接在记录本上做记录的习惯，不应事后凭记忆补写。由于是边实验边记录，可能时间仓促，故记录应简明准确，也可用各种符号代替文字叙述。记录的内容要尽可能表格化和有条理。实验记录是原始资料，不得随意涂改，更不容许伪造、编造数据。

撰写实验报告是将实验操作、实验现象及所得各种数据综合归纳、分析提高的过程，是把直接的感性认识提高到理性概念的必要步骤，也是向指导教师报告、与他人交流及储存备查的手段。实验报告是由实验记录整理而成的，可以与预习报告和实验记录合并书写。

以 DL-扁桃酸的合成实验为例，实验记录报告格式如下。

1. 目的要求

① 了解相转移催化反应的原理、常用的相转移催化剂及在药物合成中的应用。

② 熟悉相转移二氯卡宾法制备 DL-扁桃酸的原理及实验操作技术。

2. 反应式

$$C_6H_5-CHO + CHCl_3 \xrightarrow[TEBA]{NaOH} \xrightarrow{H^+} C_6H_5-CH(OH)COOH$$

3. 主要试剂及产物的物理常数

名称	分子量	性状	折光率	密度/(g/mL)	熔点/℃	沸点/℃	溶解度/(g/100mL)		
							水	醇	醚
苯甲醛	106.12	无色透明液体,具苦杏仁味	1.5455	1.046	−26	179	<0.01	∞	∞
氯仿	119.38	无色透明液体	1.4476	1.483	−63.5	61.2	0.82	∞	∞
TEBA	227.77	白色晶体	1.479	1.080	185	—	—	—	—
乙醚	74.12	无色透明液体	1.352	0.714	−116.2	34.6	4.55	∞	∞
甲苯	92.14	无色透明液体	1.497	0.866	−94.9	110.6	0.05	∞	∞
DL-扁桃酸	152.15	白色晶体粉末	1.512	1.300	118～119	—	—	—	—

4. 试剂规格及用量

试剂名称	苯甲醛	TEBA	DL-扁桃酸
用量(理论产量)	5.2mL	0.5g	7.6g
物质的量/mol	0.05	0.002	0.05

5. 实验装置图（如图 1-1 所示）

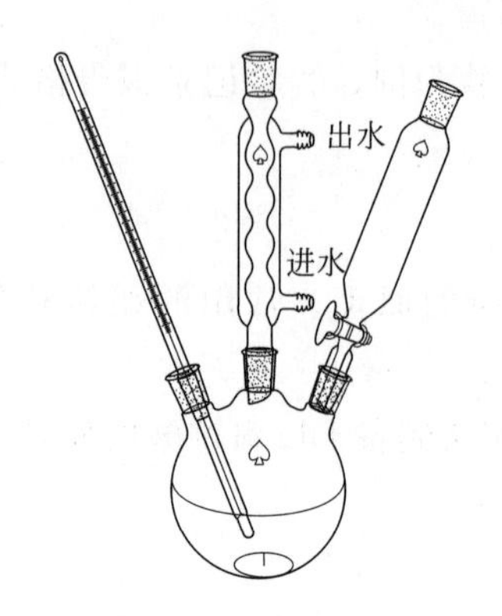

图 1-1　制备 DL-扁桃酸反应实验装置

6. 实验步骤及现象

时间	步　　骤	现　　象
09:00	①在 250mL 三口烧瓶中加苯甲醛 5.2mL、氯仿 8mL 和 TEBA 0.5g。水浴加热并搅拌 ②温度升至 56℃，开始滴加 30% NaOH 溶液，并保持温度在 60～65℃	反应瓶中逐渐出现淡黄色絮状物，并渐渐增多
10:35	③NaOH 溶液滴加完毕，继续搅拌	体系呈淡黄色
13:40	④检测反应液 pH 值近中性，停止反应。用 100mL 水稀释，用乙醚洗涤两次，取水相待用 ⑤水相用 50%硫酸酸化至 pH＝2 ⑥乙醚萃取三次，合并醚层，用无水硫酸钠干燥过滤，水浴蒸馏得外消旋扁桃酸粗品	洗涤时上层为醚层清液，下层水相为淡黄色液体，保留水相 此时萃取产品在乙醚层，得到澄清乙醚溶液。粗产品为淡黄色
15:00	⑦精制：将粗品加入 100mL 烧瓶中，加入甲苯并加热，趁热过滤，母液于室温静置析晶 ⑧过滤得到晶体，干燥后称重，用 TLC 法与标准品对照检测 产物称重 空瓶重 19.5g 产品＋瓶重 25.1g	重结晶后析出白色固体， 产品重 5.6g

7. 产率计算

其他试剂过量，理论产量以苯甲醛计：

理论产量＝(苯甲醛质量/苯甲醛分子量)×152.15＝7.6g（DL-扁桃酸）

实际产量＝5.6g（纯化后）

DL-扁桃酸产率＝5.6/7.6＝73.7%

8. 讨论

① 本实验中使用三乙基苄基氯化铵（TEBA）作为相转移催化剂，即TEBA在水相中夺取NaOH的OH^-后形成季铵碱进入氯仿层，继而夺去氯仿的一个质子形成离子对（$R_4N^+ \cdot CCl_3^-$），然后消除生成二氯卡宾。

TEBA易吸潮分解，从而影响反应的产率。同时此反应为两相反应，故反应时应调节好磁力搅拌器的搅拌速度，使反应体系得到充分搅拌。

② 反应过程中生成的扁桃酸在碱性环境中以钠盐形式存在，反应结束后用水稀释使扁桃酸钠盐进入水相，便于后续处理，用乙醚洗涤两次以除去未反应的氯仿和其他有机杂质。

③ 水相酸化后扁桃酸钠盐转变为扁桃酸，易溶于乙醚，因此用乙醚萃取酸化后的水相得扁桃酸粗品。

第二章

药物合成反应基本实验技术及车间设备

第一节 / 合成反应装置

一、回流与搅拌

有机合成反应通常较慢，且大多需要在体系沸腾条件下反应较长时间，为了不使反应物或溶剂的蒸气逸出损失，反应需要在回流装置中进行。

图 2-1 列出几种常见的回流装置。其中（a）是普通回流装置；如果反应体系需隔绝潮气，则需要在冷凝管上端安装氯化钙干燥管［(b）装置］；（c）是可以吸收反应中生成气体（如 HCl、SO_2）的回流装置，漏斗略微倾斜，一半在水中，一半露在水面。这样既能防止气体逸出，又可防止水被倒吸至反应瓶中；（c1）是用于反应过程中有大量气体生成或气体逸出很快时的装置，水（可用冷凝管流出的水）自上端流入抽滤瓶中，在侧管处逸出，粗玻璃管恰好插入水面，被水封住，以防止气体逸出；（d）是回流分水装置；（e）是回流滴加装置，适用于反应剧烈、放热量大的反应，或为控制反应选择性而采用分批加入物料的滴加方式。

搅拌对化学反应特别是非均相反应起着重要作用，可使反应混合物混合得更加均匀，使反应体系的温度更加均匀。实验室常用的搅拌方法有磁力搅拌和机械搅拌。图 2-1 中（d）、(e）反应装置均使用了磁力搅拌，反应瓶中需放置磁力搅拌子，适用于反应量比较少或在密闭条件进行的反应。图 2-2 为机械搅拌回流反应装置，可以满足一些黏稠液体或是有大量固体参与或生成的反应。

二、无水无氧操作

有些药物合成反应对空气中的氧气和水敏感，需要在无水无氧条件下进行。反应所用的仪器需事先洗净、烘干。所需的试剂、溶剂需先经无水无氧处理。

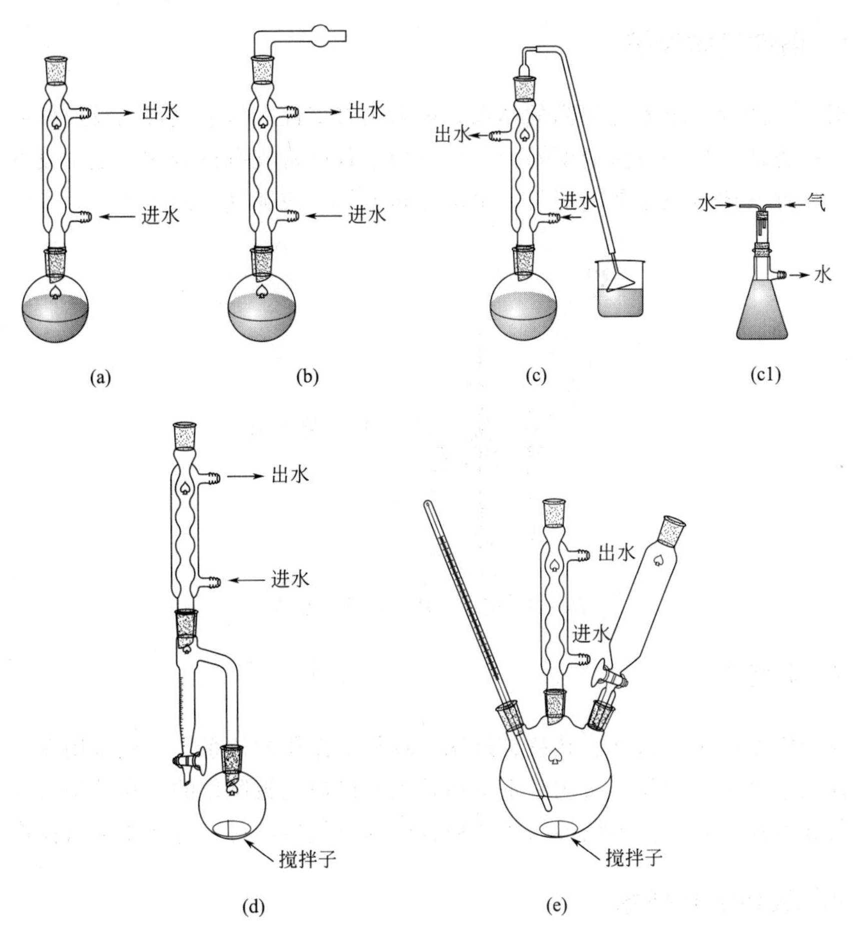

图 2-1　回流反应装置

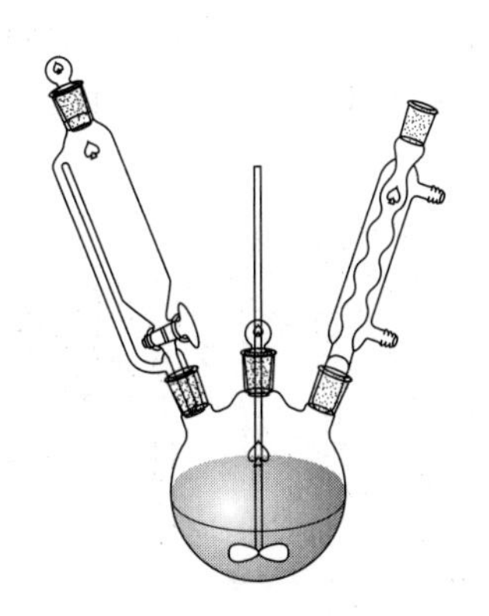

图 2-2　机械搅拌回流反应装置

1. 惰性气体保护

对于一般的要求不是很高的体系，可采用将惰性气体直接通入反应体系置换出空气的方法。这种方法简便易行，广泛用于各种常规有机合成，是常见的保护方式。惰性气体可以是普通氮气，也可是高纯氮气或氩气（图 2-3）。

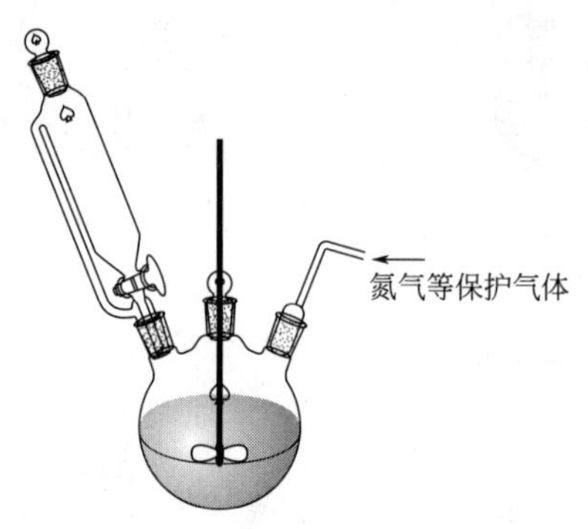

图 2-3 惰性气体保护反应装置

2. 手套箱

对于需要称量、研磨、转移、过滤等较复杂操作的体系，一般采用在充满惰性气体的手套箱中操作。常用的手套箱是用有机玻璃板制作的，在其中放入干燥剂进行无水操作，或通入惰性气体置换其中的空气后则可进行无水无氧操作。

3. Schlenk 技术

对于无水无氧条件下的回流、蒸馏和过滤等操作，应用 Schlenk 仪器比较方便。所谓 Schlenk 仪器是为便于抽真空、充惰性气体而设计的带活塞支管的普通玻璃仪器或装置，另有玻璃双排管（图 2-4），用来抽真空和充放惰性气体，能

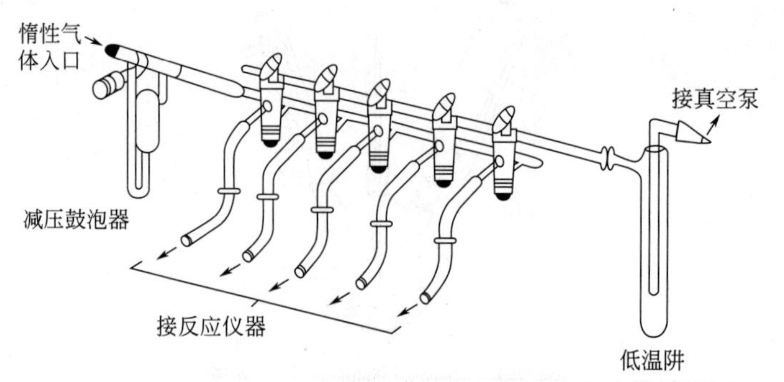

图 2-4 双排管操作的实验原理

保证反应体系达到无水无氧状态。

三、加热与制冷

1. 加热方法

加热可以使绝大多数反应加速。为了增加反应速度，药物合成反应通常需要在加热条件下进行，其他实验操作如蒸发、回流、蒸馏等也都要用到加热。在药物合成反应实验室中，为了保证加热均匀，经常采用水浴、油浴等热浴来进行间接加热，常用的加热方法如下。

（1）电热套　电热套相当于一个均匀加热的空气浴，加热温度可以通过调压器控制，最高温度可以达到400℃。电热套由电热丝及电热丝外围包裹玻璃纤维构成，使用过程中勿使化学试剂尤其是有机液体或酸碱盐溶液流到电加热套中，以免造成电阻丝短路。

（2）电热恒温水浴　电热恒温水浴采用电热圈进行加热，利用电子温控仪设定和控制温度。当需要加热的温度在80℃以下时，可将反应容器浸入水浴中，小心加热以保持所需的温度。由于水会不断蒸发，在操作过程中，应及时向水浴锅中补加水，或者在水面上加几片石蜡，石蜡受热熔化铺在水面上，可减少水的蒸发。水浴中水若蒸干，将导致电加热圈过热爆裂，引起安全事故。如果加热温度接近100℃，可用沸水浴或水蒸气浴。

（3）油浴　当加热温度在100～250℃范围，应采用油浴。油浴所能达到的最高温度取决于所用油的种类。透明石蜡油可加热到220℃，温度再高并不分解，但易燃烧。甘油和邻苯二甲酸二正丁酯适用于加热到140～145℃，温度过高易分解。甲基硅油和真空泵油在250℃以上时，仍较稳定，是理想的油浴介质。

必须注意不要让水溅入油浴的导热油中，否则在加热时会产生泡沫或爆溅。在把反应瓶放入浴油中前，要保持反应外壁干燥。特别注意防止油浴着火，当油冒烟情况严重时，应立即停止加热。在油浴中放入温度计，以便观察和控制温度。加热完毕后，将容器和温度计提离油浴液面，待附着在容器外壁上的油流完后，再用纸或干布把容器和温度计擦净。

（4）微波　微波加热使用的是频率在300～300000MHz的电磁波（波长1m～1mm）。一般认为微波对化学反应的高效性源自它对极性物质的热效应，极性分子接受微波辐射能量后，通过分子偶极高速旋转产生内热效应。与经典的有机反应相比，微波促进化学反应可缩短反应时间，提高反应的选择性和收率等。

全自动微波合成仪（见图 2-5）可以选择微波频率，设定温度，还可以进行加压和回流反应，在药物合成领域应用日益广泛。

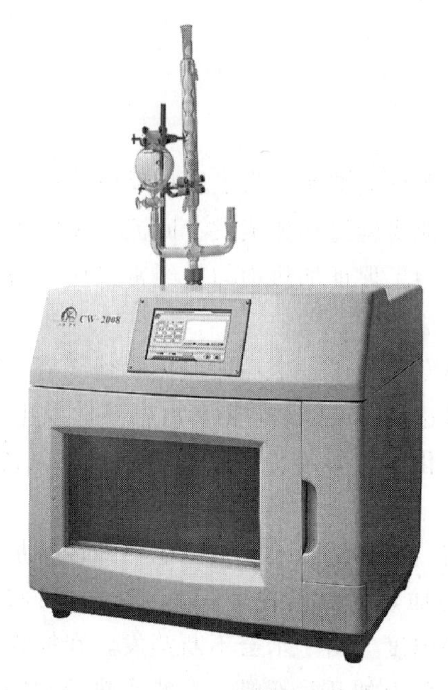

图 2-5　微波合成仪

2. 制冷方法

许多有机反应是放热反应，反应产生大量的热，若不及时移走热量，很可能导致反应难以控制，或因有机物的分解而增加副产物，甚至还会引起爆炸，因此必须冷却；为了防止反应中间体或原料等分解，或需要进行选择性反应时，反应必须在低温下进行；结晶过程中，为了减少固体化合物的损失，使其易于析出结晶，也需要冷却。

冷却剂的选择以所欲维持的温度和有待移去的热量而定。由于水便宜易得、热容量大，故常用水作为冷却剂。在实验室里最简便的冷却方法是将加入反应物的容器浸在冷水中冷却。如果反应必须在室温以下进行，则可用水和碎冰的混合物作冷却剂，该法的冷却效果比单用冰块好，因为冰水混合物能和容器更好地接触。如果水的存在并不妨碍反应进行，则可把碎冰直接投入反应物中，这样能更有效地保持低温（如重氮化反应）。如果需要把反应混合物冷却到 0℃以下，可用无机盐和碎冰的混合物作冷却剂。制冰盐冷却剂时，应把盐研细，然后和碎冰按一定的比例均匀混合。将干冰（固体二氧化碳）、乙醇、丙酮、异丙醇等以适当比例混合可冷却到更低的温度（－78～－50℃），液氮可达到－196℃。为了保持其冷却效果，常把干冰和有机溶剂混合物或液氮放在广口保温瓶（也叫杜瓦瓶）中，上面用保温材料覆盖，使保温效果更好。常见的低温冷却剂见表 2-1。

表 2-1　低温冷却剂

冷却剂	冷却可以达到的温度
NaCl/冰(质量比)＝1∶3	约－20℃
NH_4Cl/冰(质量比)＝1∶4	约－15.8℃
$CaCl_2$/冰(质量比)＝1∶1	约－40℃
液氨	－33℃
干冰/乙醚	－100℃
干冰/丙酮	－78℃
干冰/无水乙醇	－72℃
液氮	－196℃

低温恒温反应浴槽通过热循环控制器来控制循环介质温度，达到低温恒温的效果，可代替干冰和液氮等进行低温反应。低温恒温反应浴槽通常使用乙醇或乙二醇作为冷却介质，设备底部可装磁力搅拌，也可使用机械搅拌（图 2-6）。

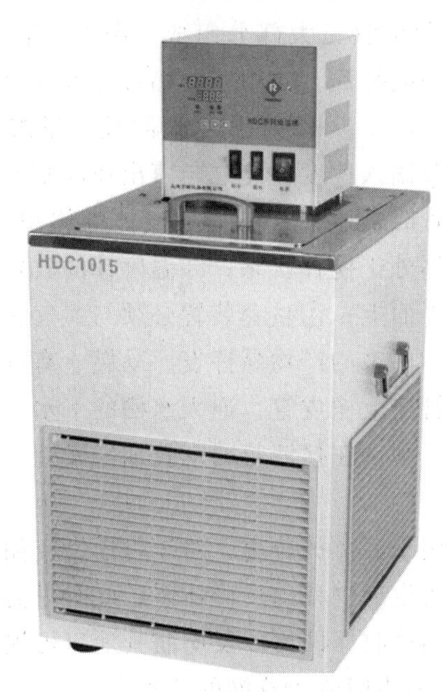

图 2-6　低温恒温反应浴槽

第二节 / 分离纯化方法

药物合成反应不总是专一性的，常伴随副反应，反应完成后，需从副产物和未反应的原辅材料及溶剂中分离出主产物。药物合成反应实验中制备的产品主要是固体或液体，分离纯化的方法有蒸馏、过滤、萃取及干燥与重结晶等。另外色谱法也是分离提纯有机化合物的重要手段。

一、蒸馏

1. 常压蒸馏装置

分离两种以上沸点相差较大的液体或除去溶剂时，常采用蒸馏的方法。蒸馏装置主要由汽化、冷凝和接收三大部分组成。图 2-7 是常用的蒸馏装置。其中(a) 是用来进行蒸馏的一般装置。如用于蒸馏沸点在 140℃以上的液体，此时应该换用空气冷凝管冷凝。图 2-7(b) 是用来蒸除较大量溶剂的装置，液体可从滴液漏斗中不断加入，调节滴入速度，使之与蒸出速度基本相等，可避免使用较大的蒸馏瓶。使用蒸馏装置时需注意：①一般液体的体积不能超过瓶容积的 2/3；②加沸石，或使蒸馏液体处于搅拌状态；③温度计的放置位置方面，水银球上端应与支管下端在同一水平面上；④整套装置必须与大气相通；⑤在任何情况下都不能将液体蒸干。若蒸馏出来的产物易挥发、易燃、有毒或放出有毒气体，则在接液管（尾接管）的支管连上橡皮管，通入水槽的下水管或气体吸收装置；若蒸馏出的液体易受潮分解，则需在接液管的支管加干燥管（干燥管内填装颗粒状的干燥剂，如 $CaCl_2$）。

蒸馏装置不仅可以用于液体的分离，对于可逆反应如酯化反应，可采用边反应边蒸馏的方法，及时将生成物移出反应体系，此时只需在反应瓶的侧口搭建蒸馏头、温度计、冷凝管和接收器即可。反应瓶其他口可视具体反应情况安装相应仪器，图 2-7(c) 是边滴加边回流边蒸馏的装置。

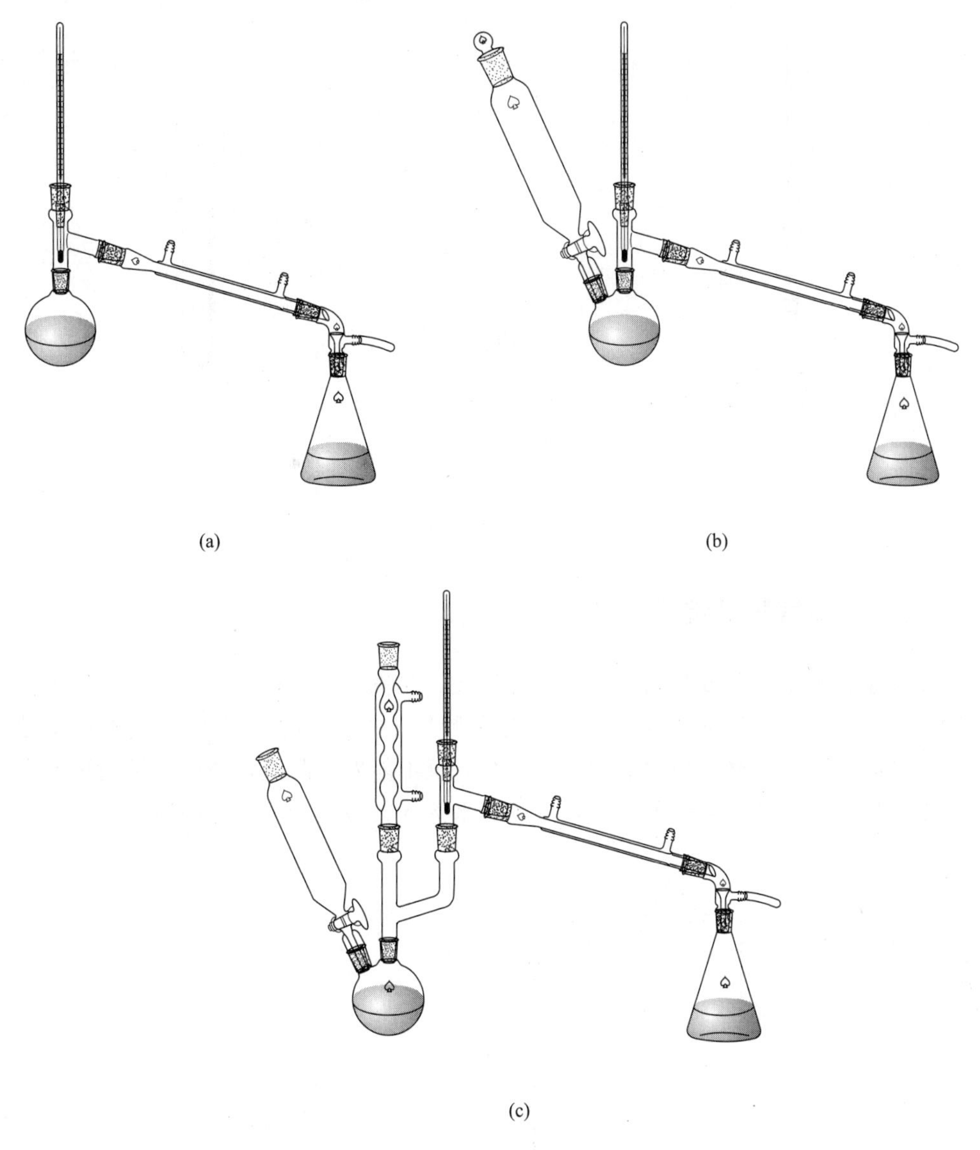

图 2-7　常压蒸馏装置

2. 减压蒸馏装置

减压蒸馏是分离、提纯高温易分解化合物的一种重要方法，即在常压蒸馏时对未达沸点即已受热分解、氧化或聚合的物质的蒸馏。减压蒸馏装置如图 2-8 所示，由蒸馏装置和减压装置两部分组成。

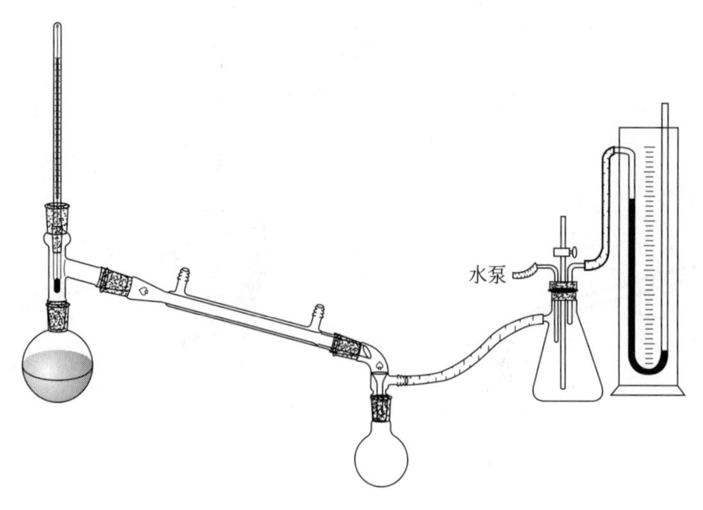

图 2-8　减压蒸馏装置

3. 水蒸气蒸馏装置

该装置由水蒸气发生器与蒸馏装置组成，见图 2-9。水蒸气发生器与蒸馏装置中安装了一个分液漏斗或一个带橡皮管和夹子的 T 形管。它们的作用是及时除去冷凝下来的水滴。应注意的是，整个系统不能发生阻塞，还应尽量缩短水蒸气发生器与蒸馏装置之间的距离，以减少水蒸气的冷凝和降低它的温度。

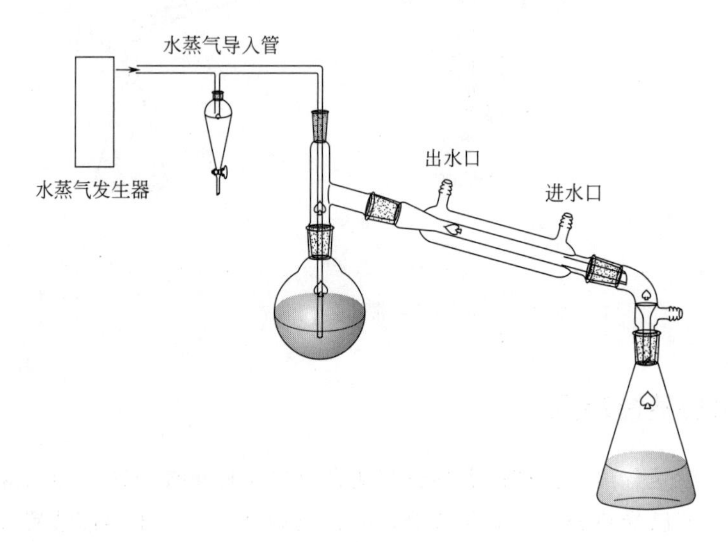

图 2-9　水蒸气蒸馏装置

4. 分馏装置

图 2-10 所示的分馏装置，适用于当反应物和需移去生成物的沸点相差比较小（低于 30℃）的反应。分馏装置常用于液体混合物的分离。如果几种具有不同沸点而又可以互溶的液体化合物相互间不会发生化学变化，也不形成共沸物，则可以用分馏法分离。

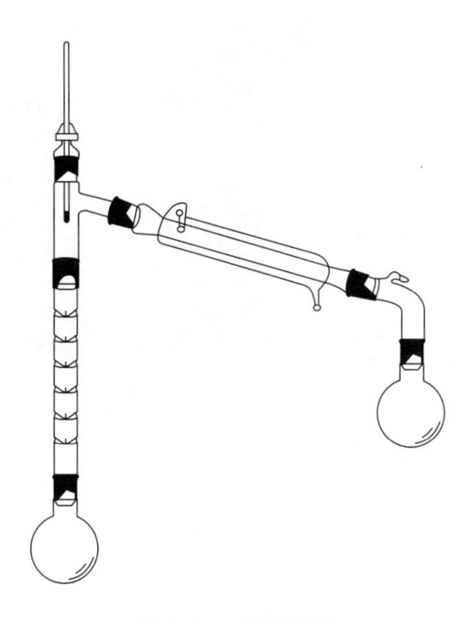

图 2-10 分馏装置

5. 真空旋转蒸发器

在药物合成实验室中，进行合成实验及萃取、柱色谱等分离操作时，往往需要使用大量有机溶剂。为了除去或回收这些溶剂，常采用普通蒸馏的方法，需要时间较长，而且长时间加热可能会造成有机化合物的分解。为了快速蒸发较大体积的溶剂，可使用真空旋转蒸发器（如图 2-11 所示）。该仪器装有高效的冷凝器，在减压条件下工作。它的加热蒸发部分是一个盛有欲蒸发溶液的圆底烧瓶，烧瓶保持一定角度并在热水浴中由电动机带动迅速旋转，使液体在烧瓶内壁扩散成一层薄膜，从而增加了蒸发表面积，使溶液在减压下迅速挥发，从而大大缩短了浓缩时间。

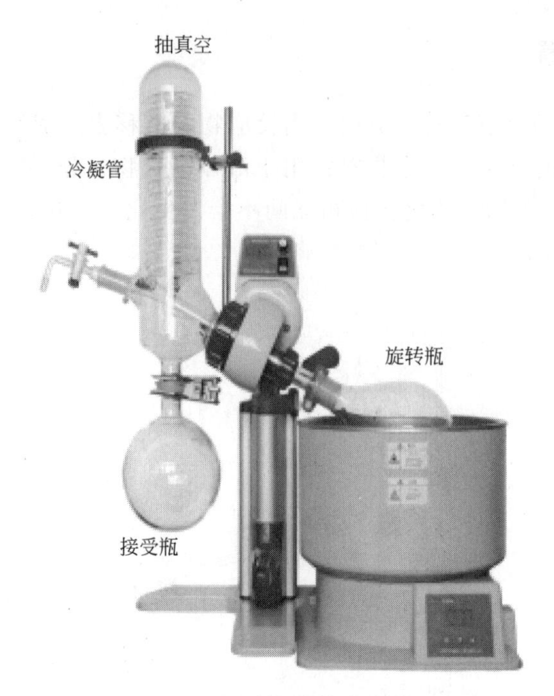

图 2-11　真空旋转蒸发器

二、色谱法

色谱法在药物合成中不仅可以用于分离和纯化产物，还可以鉴定产物的纯度、跟踪反应以及对产物进行定性、定量分析。色谱法是利用混合物各组分与色谱固定相（填料）之间吸附亲和力强弱的差异，经过多次反复吸附与分配将产物中各组分分离。色谱法根据操作方式不同可分为：柱色谱、纸色谱、薄层色谱、气相色谱、高效液相色谱等。

1. 柱色谱

柱色谱可看作是一种固-液吸附色谱法，在柱状玻璃管中装入有适当吸附性能的固体物质（如氧化铝、硅胶等）作为固定相填料，此玻璃管称为色谱柱。将欲分离的组分配成溶液后，倒入色谱柱中吸附层的上端，再选用混合溶剂或单一溶剂作为流动相，以一定的速度从上端进行洗脱，最终通过色谱柱将不同极性的化合物进行分离。

如图 2-12 所示，色谱柱的顶端 A、B 两组分吸附在柱内顶端的吸附剂上。当加入溶剂（流动相）通过色谱柱时，由于溶剂的冲洗或洗脱作用，A、B 两组分便随着溶剂从上向下流动从吸附剂洗脱下来（即解吸作用），溶解在溶剂中，又随着溶剂向下流动。如此反复进行，在色谱柱上连续不断地产生吸附、解吸、再吸附、再解吸的重复过程，经过一段时间的洗脱，使 A、B 两组分在色谱柱内能够产生差速迁移，最后迁移速度快的先达到色谱柱下端，迁移速度较慢的组分则还在色谱柱的中部。这样，A、B 两组分就完全分开，形成两个谱带，每一个谱带内是一种纯物质。将每个谱带分别收集，可用于产品制备和分析测定。

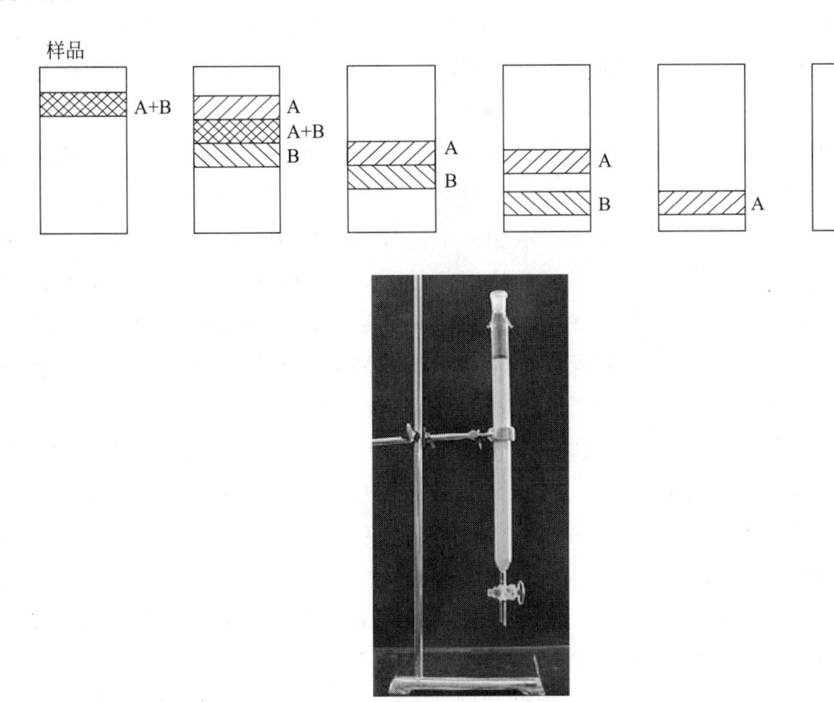

图 2-12　柱色谱分离示意图

基本操作如下：

（1）装柱　装柱前应先将色谱柱洗干净，进行干燥。在柱底铺一小块脱脂棉，再铺一层厚约 0.5cm 的石英砂，然后进行装柱。装柱分为湿法装柱和干法装柱两种，下面分别加以介绍。

湿法装柱：将吸附剂（氧化铝或硅胶）用极性较低的洗脱剂调成糊状，在柱内先加入 3/4 柱高的洗脱剂，再将调好的吸附剂边敲打边倒入柱中，同时，打开下旋转活塞，在色谱柱下面放一个干净并且干燥的锥形瓶接受洗脱剂。当装入的吸附剂有一定的高度时，洗脱剂下流速度变慢，待所用吸附剂全部装完后，用流下来的洗脱剂转移残留的吸附剂，并将柱内壁残留的吸附剂淋洗下来。在此过程中，应不断敲打色谱柱，以便色谱柱填充均匀并保证没有气泡，柱子填完后，在吸附剂上端覆盖一层约0.5cm厚的石英砂。这样既可以使样品均匀地流入吸附剂表面；当加入洗脱剂时，石英砂又可防止吸附剂表面被破坏。在整个装柱的过程中，柱内洗脱剂的高度始终不能低于吸附剂最上端，否则柱内会出现裂痕和气泡。

干法装柱：在色谱柱上端放一个干燥的漏斗，将吸附剂倒入漏斗中，使其成为一细流连续不断地装入柱中，并轻轻敲打色谱柱的柱身，使其填充均匀，再加入洗脱剂湿润。也可以先加入3/4的洗脱剂，然后再倒入吸附剂。因为硅胶和氧化铝的溶剂化作用易使柱内形成缝隙，所以这两种吸附剂不宜使用干法装柱。

(2) 加入样品　柱色谱加样方法也有干法和湿法两种。干法加样就是把待分离的样品用少量溶剂溶解后，加入少量硅胶，拌匀后再减压旋转蒸发除去溶剂。如此得到的粉末再小心加到柱子的顶层。干法加样较麻烦，但可以保证样品层很平整。湿法加样先将吸附剂上端多余的溶剂放出，直到柱内液体表面达到吸附剂表面时，停止放出溶剂。沿管壁加入预先配制成适当浓度的样品溶液，注意加入样品时不能冲乱吸附剂平整的表面。样品溶液加完后，开启下端旋塞，使液体渐渐放出，至溶剂液面降至吸附剂表面时，即可用溶剂洗脱。

(3) 洗脱和分离　在洗脱和分离的过程中，应当注意：①连续不断地加入洗脱剂，并保持一定高度的液面，在整个操作过程中勿使吸附剂表面的溶液流干，一旦流干再加溶剂，易使色谱柱产生气泡和裂痕，影响分离效果。②收集洗脱液，如样品中各个组分有颜色，在柱上可直接观察，洗脱后分别收集各组分。在多数情况下，化合物没有颜色，收集洗脱液时多采用等分收集。③要控制洗脱液的流出速度，一般不宜太快，太快了柱中交换来不及达到平衡，从而影响分离效果。④应尽量在一定时间完成一个柱色谱的分离，以免样品在柱上停留时间过长，发生变化。

2. 薄层色谱

薄层色谱（thin layer chromatography），常用TLC表示，是快速分离和定性分析少量物质的一种很重要的实验技术，也用于跟踪反应进程。由于色谱分离是在薄板上进行的，故称为薄层色谱。最典型的是在玻璃板上均匀地铺上一层吸附剂，制成薄层板，用毛细管将样品溶液点在起点处，将此薄层板置于盛有展开剂的容器中，待展开剂到达前沿后取出，晾干，显色，测定色斑的位置。记录原点至主斑点中心及展开剂前沿的距离，计算比移值（R_f）（图 2-13）。

R_f＝样品点中心至原点中心的距离（a 或 b）/溶剂前沿至原点中心的距离（l）

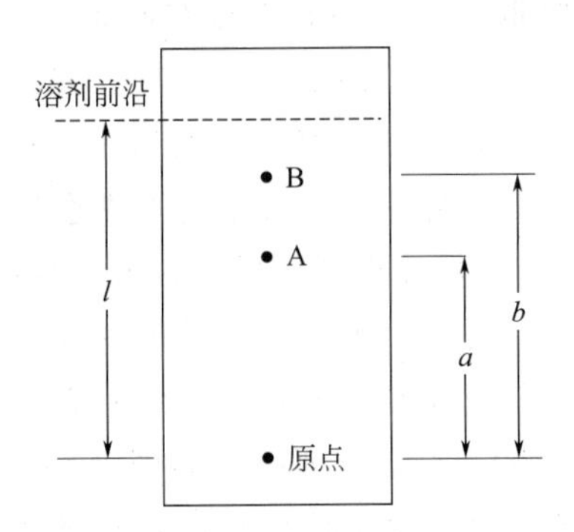

图 2-13　薄层色谱点样示意图

（1）薄层色谱用的吸附剂　薄层色谱的吸附剂最常用的是氧化铝和硅胶。硅胶是无定形多孔性物质，略具酸性，适用于酸性物质的分离和分析。薄层色谱用的硅胶分为：硅胶 H——不含黏合剂和其他添加剂；硅胶 G——含煅石膏黏合剂；硅胶 HF_{254}——含荧光物质，可于波长 254nm 紫外线下观察荧光；硅胶 GF_{254}——既含煅石膏又含荧光剂等类型。氧化铝与硅胶相似，氧化铝也因含黏合剂或荧光剂而分为氧化铝 G、氧化铝 GF_{254} 及氧化铝 HF_{254}。

（2）薄层板的制备　薄层板制备得好坏直接影响色谱的结果。薄层应尽量均匀而且厚度（0.25～1mm）要固定。否则，在展开时溶剂前沿不齐，色谱结果也不易重复。薄层板分为干板和湿板。湿板的制法有以下两种：①平铺法。用商品或自制的薄层涂布器进行制板，它适合于科研工作中数量较大要求较高的需要。如无涂布器，可将调好的吸附剂平铺在玻璃板上，也可得到厚度均匀的薄层板。②浸渍法。把两块干净玻璃片背靠背贴紧，浸入调制好的吸附剂中，取出后分开、晾干。适合于教学实验的是一种简易平铺法。取 3g 硅胶与 6～7mL 0.5％～1％的羧甲基纤维素钠的水溶液在烧杯中调成糊状物，铺在清洁干燥的载玻片上，用手轻轻在玻璃板上来回摇振，使表面均匀平滑，室温晾干后进行活化。3g 硅胶大约可铺 7.5cm×2.5cm 载玻片 5～6 块。现在已有许多商品薄层预制板可供选择。

（3）薄层板的活化　薄层活度的大小受大气相对湿度的影响，因为吸附剂表面能可逆地吸收水分。如果大气湿度过大，薄层活度过低，影响分离效果，则必须将室温晾干的薄层板在点样前根据活度要求在一定温度下活化。薄层活度并非越大越好，一般晾干后的薄层在 105～120℃ 干燥 0.5～1h 即可达到常规要求的活度。

(4) 点样　点样前，先用铅笔在薄层板上距一端1cm处轻轻画一横线作为起始线。通常将样品溶于低沸点溶剂（丙酮、乙醇、氯仿、苯或乙醚）配成约1%溶液，然后用毛细管吸取样品，小心地点在起始线上，点样要轻，不可刺破薄层。若在同一板上点几个样，样点间距应为1～1.5cm，斑点直径一般不超过2mm，样品浓度太稀时，可待前一次溶剂挥发后，在原点上重复一次。点样浓度太稀会使显色不清楚，影响观察；但浓度过大则会造成斑点过大或拖尾等现象，影响分离效果。点样结束待样点干燥后，方可进行展开。

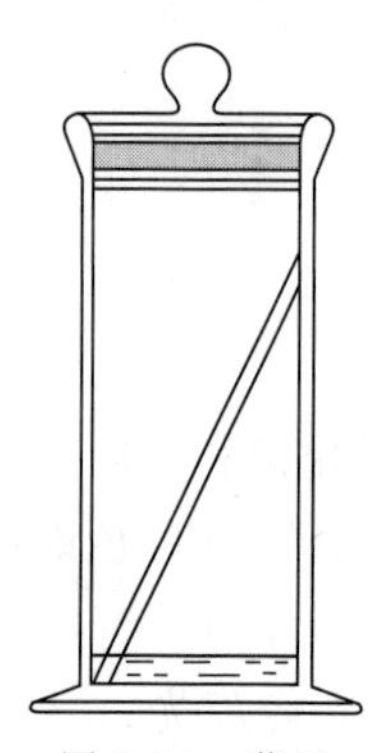
图2-14　薄层色谱展开

(5) 展开　将点好样品的薄层板放入盛有展开剂的密闭容器中，浸入展开剂的深度为距薄层板底边0.5～1.0cm（切勿将样点浸入展开剂中，如图2-14所示），待展开剂接近薄层板顶端时，取出薄层板，标出溶剂前沿，晾干，待检。薄层色谱用的展开剂绝大多数是有机溶剂，在硅胶薄层板上，凡溶剂的极性越大，则对化合物的洗脱力也越大，也就是说 R_f 值也越大。

(6) 显色　样品展开后，如本身有颜色，可直接看到斑点的位置。但是，大多数有机化合物是无色的，必须经过显色才能观察到斑点的位置，常用的显色方法有如下两种：

① 显色剂法。常用的显色剂有碘和三氯化铁水溶液等。根据样品的结构特性选择合适的显色试剂，配成溶液后浸渍或均匀喷洒于薄层板面上，直接观察或加热显色后观察。因为碘能与许多有机化合物形成棕色或黄色的络合物，所以，可在一密闭容器（一般用展开缸即可）中放入几粒碘，将展开并干燥的薄层板放入其中，稍稍加热，让碘升华，当样品与碘蒸气反应后，取出薄层板，立即标记出斑点的形状和位置（因为薄层板放在空气中，碘挥发棕色斑点会很快消失），并计算 R_f 值。

② 紫外线显色法。用硅胶 GF_{254} 制成的薄层板，由于加入了荧光剂，在254nm波长的紫外线下，可观察到暗色斑点，此斑点就是样品点。有些样品具有芳环或共轭结构，还可显示荧光斑点。

三、重结晶与过滤

在药物的合成中，通过溶解度的差异而使产品从反应体系中析出晶体，然后过滤以实现最初的分离，得到粗产物。粗产物可能含有或夹杂副产物、未反应完的原料以及溶剂等杂质，必须进一步精制和纯化，最常用的精制纯化方法之一就是选用适当的溶剂进行重结晶。重结晶的目的在于提纯固体药物。当杂质含量多，一次不能提纯时，可进行多次重结晶，还可与蒸馏、萃取、升华等操作相结合，来达到纯化药物的目的。

1. 原理

将固体有机物溶解在热（或沸腾）的溶剂中，制成饱和溶液，再将溶液冷却，又重新析出结晶，此种操作过程称重结晶。它是利用有机物与杂质在某种溶剂中的溶解度不同，从而将杂质除去，杂质的含量一般应在5%以下。因此，重结晶是纯化固体有机物的重要方法。

2. 选择溶剂

重结晶的效果与溶剂选择大有关系，往往需要通过试验来选择适宜的重结晶溶剂。重结晶溶剂还应满足下列要求：①溶剂不与被提纯有机物发生化学反应。②被提纯物在此溶剂中的溶解度应随温度变化有显著的差别（低温时溶解度越小，则回收率就越高）。③被提纯物与杂质在此溶剂中应有完全相反的溶解度，如杂质难溶于热溶剂中，通过热过滤，可以除去杂质；或杂质在冷溶剂中也易溶，则杂质留在母液中。④被提纯物在此溶剂中，能形成较好的结晶，即结晶颗粒大小均匀适当。

选择溶剂时，一般化合物可先查阅手册中溶解度。当无资料可依据时，可通过实验进行选择，具体试验方法为：取试管数支，各放入0.2g被提纯物的晶体，再分别加入0.5～1mL不同种类的溶剂，加热到完全溶解，待冷却后，能析出最多结晶的溶剂，一般可认为是最合适的。若该晶体在3mL热溶剂中仍不能全溶，则不能选用此种溶剂。若在热溶剂中能溶解，但冷却无结晶析出，此种溶剂也不适用。

在重结晶时，如果单一溶剂对某些被提纯物都不适用，可使用混合溶剂。混合溶剂一般由两种能以任意比例相混溶的溶剂组成，其中一种对提纯物溶解度较大，而另一种则较小。常用的混合溶剂有乙醇-水、乙酸-水、乙醚-丙酮、苯-石油醚等。

根据抽滤后所得母液的量及母液中溶解的结晶量，可考虑对溶剂、结晶的回收。如所得物质经测定未达到规定熔点或未达到其纯度规定要求，则反复进行结晶若干次，直到符合标准为止。

3. 操作方法

（1）溶解样品　选择水作溶剂时，可在烧杯或锥形瓶中加热溶解样品，而用有机溶剂时，为避免溶剂挥发和燃烧，必须在回流装置中加热溶解样品。加热期间添加溶剂时应从冷凝管上端加入。溶剂的用量应从两方面来考虑：一方面为减少溶解损失，溶剂应尽可能避免过量；另一方面溶剂过量太少又会在热过滤时因温度降低和溶剂挥发造成过多结晶在滤纸上析出而降低收率。因此，要使重结晶得到较纯产品和较高收率，溶剂的用量要适当，一般溶剂过量20%左右为宜（注意：不要因为重结晶物质中含有不溶性杂质而加入不必要的过量溶剂）。根据溶剂的沸点和易燃性来选择适当的热浴方式进行加热。

（2）脱色　溶液中若含有色杂质，可加入适量的活性炭脱色。活性炭用量以能完全除去颜色为宜，一般为粗品量的1%～5%。活性炭太多将会吸附一部分被纯化的物质而造成损失。加入活性炭时，应先移开火源，待溶液稍冷后再加入，并不时搅拌或摇动以防暴沸。活性炭加入后，再继续加热，一般煮沸5～10min。如一次脱色不好，可重复操作。活性炭脱色效果与溶液的极性和杂质的多少有关，活性炭在水溶液及极性有机溶剂中脱色效果较好，而在非极性溶剂中脱色效果较差。

（3）热过滤　热过滤通常是用重力过滤（即常压热过滤）的方法除去不溶性杂质和活性炭，见图2-15。

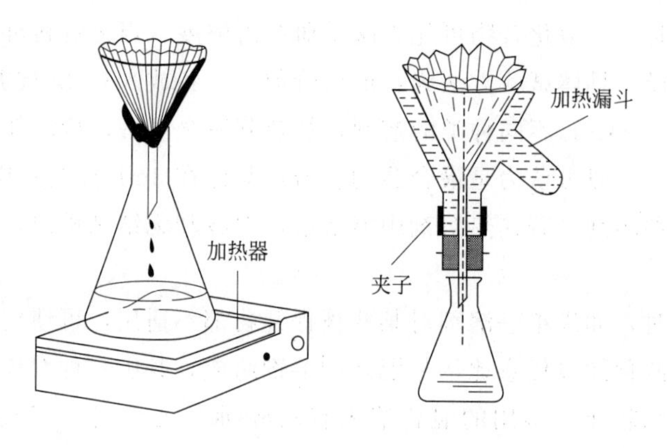

图2-15　热过滤装置

（4）结晶析出　将热滤液静置，放在室温中慢慢冷却，结晶就会慢慢析出，这样析出的晶体颗粒较大，而且均匀纯净。不要将滤液浸在冷水里快速冷却或振摇溶液，因为这样析出的结晶不仅颗粒较小，而且因表面积大会使晶体表面从溶液中吸附较多的杂质而影响纯度。但析出的结晶颗粒也不能过大（约超过2mm），因为过大了会在结晶中夹杂溶液，致使结晶干燥困难。如果看到有大体积结晶正在形成，可通过振摇来降低结晶的平均大小。冷却后若结晶不析出，可用玻璃棒摩擦器壁，或投入晶种，使结晶析出。

（5）结晶的抽滤和洗涤　为将充分冷却的结晶从母液中分离出来，通常采用布氏漏斗进行减压过滤（图 2-16）。抽滤瓶与抽气装置水循环真空泵间用较耐压的橡皮管连接（两者中间最好连一安全瓶，以免因操作不慎造成水泵中的水倒吸至抽滤瓶中）。布氏漏斗中圆形滤纸的直径要剪得比漏斗的内径略小，抽滤前先用少量溶剂将滤纸润湿，再打开水泵使滤纸吸紧，以防止晶体在抽滤时自滤纸边沿的缝隙处吸入瓶中。将晶体和母液小心倒入布氏漏斗中（也可借助钢铲或玻璃棒），瓶壁上残留的结晶可用少量滤液冲洗数次一并转移到布氏漏斗中，尽量将母液抽尽，必要时可用钢铲挤压晶体，以便抽干晶体吸附的含有杂质的母液。然后拔下连在抽滤瓶支管处的橡皮管，或打开安全瓶上的活塞接通大气，避免水倒流。

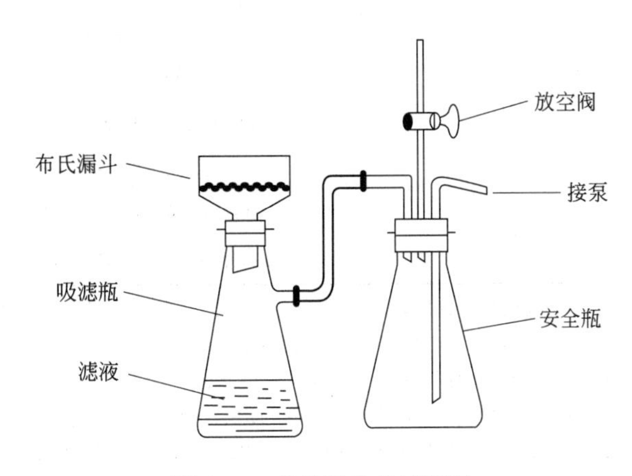

图 2-16　布氏漏斗抽滤装置

四、干燥

干燥是指除去附在固体、气体或混在液体内的少量水分，也包括除去少量的有机溶剂。干燥方法大致可分为物理法（不加干燥剂）和化学法（加入干燥剂）两种。物理法如吸收、分馏，近年来还常用离子交换树脂和分子筛来脱水。在实验室常用化学干燥法。

1. 液体有机化合物的干燥

一般可将液体有机化合物与颗粒状干燥剂混在一起，以振荡的方式进行干燥处理。如果有机化合物中含水量较大，可分次进行干燥处理，直到重新加入的干燥剂不再有明显的吸水现象为止。例如，氯化钙仍保持颗粒状、五氧化二磷不再结块等。选择合适干燥剂的原则是，干燥剂不与被干燥化合物发生化学反应；不溶解于该化合物；吸水量较大，干燥速度较快，并且价格低廉。常用干燥剂及适用范围见表 2-2。液体有机化合物除了用干燥剂外，还可采用共沸蒸馏的方法除水。

表 2-2　常用干燥剂及适用范围

化合物类型	干燥剂
烃	$CaCl_2$、P_2O_5、Na
卤代烃	$CaCl_2$、$MgSO_4$、Na_2SO_4、P_2O_5
醇	K_2CO_3、$MgSO_4$、CaO、Na_2SO_4
醚	$CaCl_2$、P_2O_5、Na
醛	$MgSO_4$、Na_2SO_4
酮	K_2CO_3、$CaCl_2$、$MgSO_4$、Na_2SO_4
酸、酚	$MgSO_4$、Na_2SO_4
酯	$MgSO_4$、Na_2SO_4、K_2CO_3
胺	KOH、NaOH、K_2CO_3、CaO

注：1. $CaCl_2$ 吸水量大，速度快，价廉，但不适用于醇、胺、酚、酯、酸、酰胺等。

2. Na_2SO_4 吸水量大，但作用慢，效力低，宜作为初步干燥剂。

3. $MgSO_4$ 吸水量大，比 Na_2SO_4 作用快，效力高。

4. K_2CO_3 用于碱性化合物干燥，不适用于酸、酚等酸性化合物。

5. KOH、NaOH 适用于胺、杂环等碱性化合物，不适用于醇、酯、醛、酮、酸、酚及其他酸性化合物。

6. P_2O_5 不适用于干燥醇、酸、胺、酮、乙醚等化合物。

7. Na 适用于醚、叔胺、烃中痕量水的干燥，不适用于氯代烃、醇及其他与金属钠反应的化合物。

2. 固体有机化合物的干燥

干燥固体有机化合物最简便的方法就是将其摊开在表面皿或滤纸上自然晾干，不过这只适合于非吸湿性化合物。如果化合物热稳定性好，且熔点较高，就可将其置于烘箱中或红外灯下进行烘干处理。对于那些易吸潮或受热时易分解的化合物，则可放置在干燥器中进行干燥。

第三节 / 药物合成反应车间设备及操作方法

一、玻璃反应釜

玻璃反应釜是药物合成反应时常用的一个重要设备，其（见图 2-17）内层放置反应溶媒可做搅拌反应，夹层通过冷热源循环。玻璃反应釜夹层可以进行高温反应（最高温度可以达到 300℃）和低温反应（最低温度可以达到－80℃）；玻璃反应釜也可以抽真空，做负压反应。

具体操作步骤如下。

1. 使用前检查

反应釜在使用前需检查设备的完整性、洁净状态和玻璃反应釜底阀的密闭状态，所有状态完好情况下可进行后续操作。

2. 玻璃反应釜的使用

(1) 升温与降温　玻璃反应釜的加热与降温是由夹套的液体循环来达到效果的。

① 升温。根据工艺所需升温温度的不同，夹套内使用恒温循环加热槽循环热水或导热油达到升温的效果。

② 降温。根据工艺所需降温温度的不同，夹套内使用低温冷却循环泵循环冷冻液或直通饮用水达到降温效果。

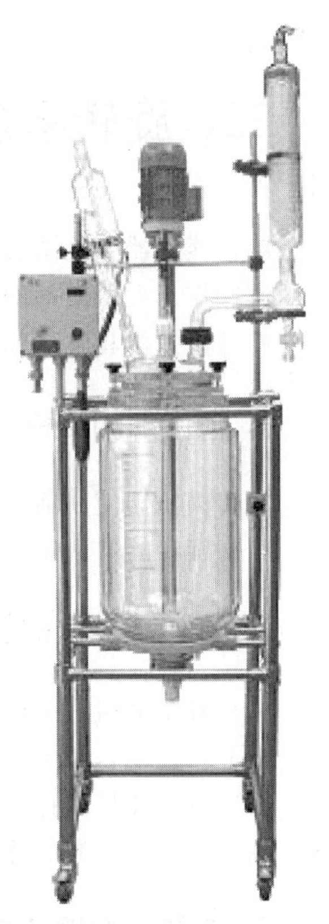

图 2-17　玻璃反应釜

(2) 搅拌　通过调节搅拌控制器旋钮调节搅拌转速，达到工艺的转速要求。

（3）抽真空　关闭滴加口、投料口、釜盖排空口、接收瓶截止阀，冷凝器上排空与真空管道连接，打开真空管道阀门达到抽真空效果。

（4）排空　关闭真空阀门，打开釜盖排空口。

（5）投料　液体原辅料通过真空抽入玻璃反应釜。固体原辅料从釜盖投料口加入玻璃反应釜，投料结束后需将投料口关闭。

（6）回流　关闭滴加口、投料口、釜盖排空口、接收瓶截止阀，打开冷凝器上排空及冷凝器循环，按工艺要求升温达到回流效果。

（7）浓缩　关闭滴加口、投料口、釜盖排空口，打开接收瓶截止阀，冷凝器上排空与真空连接，打开冷凝器循环，达到浓缩效果。

（8）放料　准备好盛接反应物料的容器，打开釜盖排空口，打开反应釜底阀，物料即可放出。

（9）清洁　使用完毕后应对反应釜进行针对性清洁，以防后续生产中发生交叉污染。

二、旋转蒸发器

旋转蒸发器（见图 2-11）是实验室和车间广泛使用的一种蒸发仪器。适用于回流操作、大量溶剂的快速蒸发、微量组分的浓缩和需要搅拌的反应过程等。

旋转蒸发器具体操作步骤如下。

1. 使用前的检查

旋转蒸发器使用前需检查设备的完整性、洁净度、管路畅通性、设备的密闭性、旋塞旋转的灵活度，所有状态完好情况下可进行后续操作。

2. 旋转蒸发器的加料

（1）常压加料　关闭真空阀，打开加料旋塞排空，待压力表数值显示常压后，取下旋转瓶，加入料液，料液的体积不得超过旋蒸瓶体积的一半。

（2）负压加料　打开真空阀，将加料管放入盛有料液的容器中，打开加料旋塞，抽入料液，料液的体积不得超过旋蒸瓶体积的一半。

3. 旋转蒸发器的使用

（1）加水　水浴锅中加入自来水，水量应保证旋蒸瓶 1/3～1/2 浸入液面。

（2）接通冷凝水　将冷凝器接上冷凝水，冷凝水为下进上出。

（3）设定水浴温度　接通水浴锅电源，将温度调节至工艺要求温度，开始加热。

（4）检查真空度　打开真空阀，检查确认旋转蒸发器的真空是否正常。如真空异常，再次检查真空管路、各部件连接处是否完好正常；如真空正常，则将其控制在工艺要求的范围内，进行下一步操作。

（5）加料　根据具体情况选择常压或者减压方式加料。

（6）旋转　由慢到快调节旋钮，调节旋蒸瓶转速至工艺要求范围。

（7）废液处理　蒸出的溶剂经过冷凝器冷凝后流到接收瓶中，当接收瓶中废液体积达到接收瓶体积约 2/3 时，关闭真空，待压力表显示为常压后，打开接收瓶的底阀，放出瓶内的废液。

（8）出料　关闭真空阀门，调节转速至“0”，待真空表显示为常压后，一只手轻扶旋蒸瓶瓶颈，另一只手使用水浴锅升降手轮使水浴锅下降，取下旋蒸瓶。

（9）清洗　旋转蒸发器使用结束后按照样品特性进行有针对性清洗。

三、离心机

离心机是利用离心力，分离液体与固体颗粒或液体与液体的混合物中各组分的机械（图 2-18）。药品生产中离心机主要用于将悬浮液中的固体颗粒与液体分开。

图 2-18　离心机

离心机具体操作步骤如下。

1. 使用前检查

离心机使用前需检查的项目有：设备的洁净度，转鼓转动时是否有卡顿或卡死现象，各部位螺栓和部件是否有松动现象，设备外观是否有异常现象，设备内表面是否有可见异物，滤袋是否符合要求。所有状态完好情况下可进行后续操作。

2. 离心机的使用

(1) 准备　安装滤液管道，选择离心机对应规格的离心机滤袋，目视检查滤袋的完整性，铺设离心机滤袋，使其平整地与离心机转鼓相贴合。

(2) 加料　按工艺要求将待离心物料加入离心机，离心物料不得超过转鼓体积的 2/3，加料时注意将物料均匀分布于滤袋转鼓内。

(3) 离心　先点动 2～3 次离心机，然后再直接开启离心机开关，开始离心。

(4) 转移物料　离心结束后，关闭离心机开关，待离心机转鼓完全停止工作后，打开离心机盖，将物料转移至容器中，应注意对滤布的保护，避免强拉硬扯，确保滤袋的完整性。

(5) 清洗　离心机使用结束后按照样品特性进行针对性清洗。

3. 注意事项

(1) 离心机是高速运转的机器，并有诸多动态因素，因此在操作时必须严格遵守安全操作规范，杜绝事故发生。

(2) 转鼓转向必须按铭牌指示方向，切不可反转。

(3) 电动机、电控箱及其他电器元件，不得有液体及其他杂物渗入。

(4) 操作人员应熟练掌握离心机的开、关和应急停等操作程序，不得野蛮操作；转鼓旋转时，切不可打开翻盖，将头、手、工具等伸进转鼓内；必须确认机壳盖锁紧后方可启动。

(5) 制动不正常或失灵时，机器不得工作。

(6) 不得使用外力对离心机（特别是转鼓）敲击，以免转鼓变形。

(7) 使用及维修过程中不得用硬物、尖锐物刮碰或敲击涂层表面，防止损坏防护涂层。

四、低温恒温反应浴槽

低温恒温反应浴槽（见图 2-6）具体操作步骤如下。

1. 生产前检查

低温恒温反应浴槽在使用前需首先检查设备温控仪表准确度和洁净状态，所有状态良好情况下可进行后续操作。

2. 操作步骤

（1）准备　把低温恒温反应浴槽放置在靠近所需要制冷的设备的平整场所。确认冷冻液总量约为容器容量的 90%～95%（约加至淹没出液口）。把低温恒温反应浴槽“循环输出”端用连接软管与被制冷设备的输入口连接，把“循环输入”端与被制冷设备的输出口连接，并可靠地用加固箍箍紧，以确保安全。

（2）接通电源　把低温恒温反应浴槽电源线接上 380V 三相四线电源（必须有零线，否则循环泵不能正常工作），外壳接地处必须有可靠的接地线。

（3）温度设定　开启“制冷”开关，按一下控温仪的功能键（SET）字符后，数码器上显示温度上限（或下限）。用上下键进行设定温度的修改，按住不放超过 0.5s 则可快速增减。注意控制器会自动保证“上限温度>下限温度”这一规则，上下限应大于 3℃。注意上下限温度设置好后，必须再按一下 SET 键，回到显示当前温度状态，才能将设定值保存起来。如果在没有按 SET 键之前断电，则所设定的值不会被保存。

（4）循环启动　按下“循环”键按钮，循环泵即开始工作（注意：循环泵不能无液体空转）。打开循环控制阀门，液体即开始循环（控制阀门开启大小，可控制循环量）。

（5）关闭　工作完毕，关闭制冷循环开关，关闭循环输出阀，切断电源。

（6）清洁　用抹布将低温恒温反应浴槽的机身、控制面板、阀门、循环软管擦拭干净，注意水不要渗到控制面板中，以免造成短路损坏面板。

3. 注意事项

① 低温恒温反应浴槽使用前需检查循环箱体内是否有冷冻液，没有冷冻液或冷冻液不足要及时补充，然后检查阀门是否打开，不能在阀门关闭的情况下开启循环，以免造成电机烧损。

② 所用的循环冷却液必须是不易燃烧、不爆炸、无腐蚀性的液体。

③ 因为低温循环依靠低温冷却液，必须确认低温槽与被降温设备的牢靠连接。连接一旦脱落，有可能发生人体冻伤危险。

第三章

一般药物反应实验

第一节 / 酰化反应

实验一 L-苏氨酸甲酯盐酸盐的合成

【反应式】

$$\text{L-苏氨酸} \xrightarrow[SOCl_2]{CH_3OH} \text{L-苏氨酸甲酯} \cdot HCl$$

【主要试剂】

L-苏氨酸（6g，0.05mol），二氯亚砜（13mL，0.18mol），无水甲醇（100mL）。

【实验步骤】

有干燥装置并在氮气保护下❶，将装有100mL无水甲醇的250mL三口烧瓶冷却至－5℃，保持反应液温度为0～5℃，滴加❷13mL二氯亚砜❸，再冷却到－5℃。然后加入6g L-苏氨酸❹。自然升到室温，并搅拌反应16h。低于35℃下，减压回收溶剂❺，于0.1mmHg（1mmHg＝133.322Pa）真空度下干燥2h，得无色或淡黄色油状L-苏氨酸甲酯盐酸盐。

---

❶ 用氮气保护反应，注意氮气压力合适以免爆炸。

❷ 滴加二氯亚砜的速度不能太快，否则反应液温度会快速升高，引起大量的氯化氢烟雾。

❸ 二氯亚砜：又称氯化亚砜、亚硫酰氯。无色或淡黄色有刺激性气味透明液体，ρ＝1.640g/mL，熔点－104℃，沸点76℃。溶于苯、氯仿、四氯化碳，能溶解某些金属碘化物，在水中分解为亚硫酸和盐酸，加热至140℃时，分解为氯气、二氧化硫和一氯化硫。

❹ L-苏氨酸：无色晶体或结晶性粉末。易溶于水，不溶于无水乙醇、乙醚、氯仿。熔点255～257℃（分解）。

❺ 回收溶剂时，水浴温度应低，温度太高易引起氨基酸的消旋。

【思考题】

1. 形成酯的反应中可否用对甲苯磺酸作催化剂，操作条件有何不同?

2. 用强酸或强碱作催化剂，在回流条件下处理氨基酸将可能发生什么现象?

3. 本实验酯化反应中用二氯亚砜的作用是什么?

实验二 N-苄氧羰酰基-L-羟脯氨酸的合成

【反应式】

OH
HN COOH
+
O
Cl O
NaHCO$_3$
OH
O N COOH
O

【主要试剂】

L-羟脯氨酸（5g，0.038mol），氯甲酸苄酯（6.75mL，0.047mol），碳酸氢钠（7.5g，0.089mol），四氢呋喃，1mol/L HCl，乙酸乙酯，饱和食盐水，无水硫酸钠，乙醚。

【实验步骤】

氮气保护下，在250mL三口烧瓶中加入5g L-羟脯氨酸[1]、75mL水和7.5g碳酸氢钠，搅拌溶解，冷却于冰水浴中。快速搅拌下，于30min内加入含6.75mL氯甲酸苄酯[2]的15mL四氢呋喃[3]溶液[4]，自然升温至室温，并在室温下搅拌反应16h。反应物用1mol/L HCl酸化至pH＝2～3，用乙酸乙酯（第一次50mL，后两次各25mL）萃取，有机相用饱和食盐水（2×50mL）洗涤，然后用无水硫酸钠干燥。回收溶剂，剩余固体用乙酸乙酯-乙醚重结晶，真空干

---

[1] L-羟脯氨酸：L-4-hydroxyproline。熔点274～275℃。

[2] 氯甲酸苄酯：chloroformic acid benzyl ester。ρ＝1.195g/mL。沸点103℃（2.666kPa）或85～87℃（0.933kPa）。无色至浅黄色油状液体，有刺激性和催泪性。溶于乙醚和丙酮，在水和乙醇中分解。

[3] 四氢呋喃：tetrahydrofuran。ρ＝0.8892g/mL。沸点66℃。无色透明液体，有乙醚气味。溶于水和多数有机溶剂。

[4] 氯甲酸苄酯的滴加速度不能太快，以免反应过于剧烈而发生消旋化。

燥 1h。得粉末状固体产物[1]，计算收率并测定产物的熔点。

【思考题】

1. 本实验反应时为什么要加入一定量的水？
2. 氨基酸的氨基常用的保护方法有哪些？
3. 实验反应结束后用 1mol/L HCl 酸化的作用是什么？

实验三 γ-苯基-γ-氧代-α-丁烯酸的合成

γ-苯基-γ-氧代-α-丁烯酸[2]（又称 3-苯甲酰基丙烯酸）和 3-苯甲酰基丙烯酸乙酯均可作食品防腐剂和农药的重要中间体，特别是作为血管紧张素转化酶抑制剂依那普利（Enalapril）和雷米普利（Ramipril）的共同中间体而在医药市场上十分走俏。该化合物亦是检验酚类的试剂。γ-苯基-γ-氧代-α-丁烯酸的制备方法是以苯和顺丁烯二酸酐为原料，在无水 $AlCl_3$ 催化下经 Friedel-Crafts 反应合成。

【反应式】

$AlCl_3$, C_6H_6 ; COOH ; O

【主要试剂】

苯（50mL，0.56mol），无水 $AlCl_3$（10.5g，0.08mol），顺丁烯二酸酐（5g，0.05mol），2mol/L 盐酸。

【实验步骤】

在干燥的 250mL 三口烧瓶中加入 50mL 干燥苯[3]，连接尾气吸收装置，冷却于冰盐浴中。分批从侧口加入 10.5g 无水 $AlCl_3$[4]，保持温度不超过 0℃，避

---

[1] N-苄氧羰酰基-L-羟脯氨酸：类白色结晶性粉末，熔点 (104±2)℃，$[\alpha]_D^{25℃}=54°\pm2°$。

[2] γ-苯基-γ-氧代-α-丁烯酸：熔点 91～93℃。黄色晶体。

[3] 苯：benzene。$\rho=0.879$g/mL。沸点 80.1℃。无色易挥发和易燃液体，有芳香气味，不溶于水，溶于乙醇、乙醚等许多有机溶剂。有毒，常温下即可挥发形成苯蒸气，温度愈高，挥发量愈大。使用时防止吸入口内和接触到皮肤上。

[4] 酸酐的活性较酰氯低，因此使用无水 $AlCl_3$ 为催化剂，催化剂物质的量至少应为酸酐的 1.5 倍。

免反应太过剧烈造成苯溢出。然后缓慢滴入[1]5g 顺丁烯二酸酐[2]，使温度不超过5℃，约 30min 内滴完。撤去冰盐浴，使温度缓慢上升至室温，然后用水浴加热逐步将反应温度提高到 90～100℃，搅拌，反应 1h 后冷却至室温，然后用冰浴冷却，往反应瓶中缓慢滴入 15mL 水，控制滴加速度使反应不要太剧烈。加完后，搅拌 30min，向反应瓶中加入 50mL 2mol/L 盐酸，快速搅拌 15min，冷却、抽滤。滤饼先用 2mol/L 盐酸洗涤，再用水洗至 pH 试纸呈中性，真空干燥，得粗产物，约 7g。产物可用苯重结晶。

【思考题】

1. Friedel-Crafts 反应有几种类型，常用的催化剂有哪些？
2. 试解释后处理中向反应瓶中加 2mol/L 盐酸的作用。

实验四 丙二酸亚异丙酯的合成

丙二酸亚异丙酯（Meldrum’s acid），又称 Meldrum’s 酸，是一种重要的有机合成试剂，具有较强的酸性（$pK_a=4.83$）和固定的环状结构，更因其分子中含有活性亚甲基和在温和条件下容易水解的酯基而成为有机反应活性中间体，例如与卤代烃、二硫化碳等试剂的烃化反应，与脂肪族胺类的 Mannich 反应，与羰基化合物的 Knoevenagel 反应，与酰氯或酸酐等酰化剂的酰化反应，溴化反应和热裂反应等。丙二酸亚异丙酯的合成方法主要有两种，一种是浓硫酸催化下丙二酸与丙酮在乙酸酐中缩合；另一种是双乙烯酮经臭氧氧化得到丙二酸酐后再与丙酮反应。本实验中采用第一种方法。

【反应式】

$$\mathrm{HOOC{-}CH_2{-}COOH} + \mathrm{CH_3COCH_3} \xrightarrow[\text{浓}H_2SO_4]{(CH_3CO)_2O} \text{丙二酸亚异丙酯}$$

---

[1] 酰化反应是放热反应，因此加入催化剂、顺丁烯二酸酐及反应完毕加水时滴加速度必须慢，否则放热太多，易使苯或其他物料溢出。

[2] 顺丁烯二酸酐（*cis*-butenedioic anhydride）：也称马来酸酐、失水苹果酸酐、顺酐、2,5-呋喃二酮。熔点 52.8℃。无色结晶粉末，有强烈刺激气味。溶于乙醇、乙醚和丙酮，难溶于石油醚和四氯化碳。与热水作用生成马来酸。易升华。

【主要试剂】

丙二酸（26g，0.25mol），丙酮（20.5mL，0.28mol），乙酸酐（30mL，0.3mol），浓硫酸（1.5mL，0.028mol）。

【实验步骤】

在100mL锥形瓶中加入26g丙二酸❶，在冰浴冷却下加入30mL乙酸酐❷，启动磁力搅拌器搅拌，少量溶解；向内慢慢滴加1.5mL浓硫酸❸。搅拌下继续加入20.5mL丙酮❹。5min后固体完全溶解，色变淡黄，此时立即塞住瓶口，将锥形瓶移至冰箱冷冻室深度冷却24h，抽滤并用冰水洗涤3～4次，每次都使冰水足以覆盖全部固体，直至洁白（无黄色）为止。将所得丙二酸亚异丙酯在室温和655Pa下干燥24h，得白色结晶29.8g，收率82.8%，测熔点（文献值94～98℃），红外谱图见图3-1。

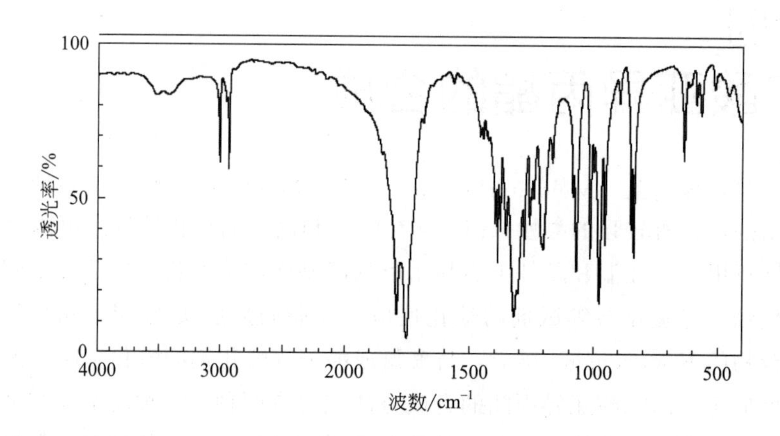

图3-1　丙二酸亚异丙酯的红外光谱图

【思考题】

1. 试解释本实验制备丙二酸亚异丙酯的反应机理。
2. 丙二酸亚异丙酯可进行哪些类型的反应？
3. 实验中加入乙酸酐和浓硫酸各是什么作用？

---

❶ 丙二酸：又称胡萝卜酸、缩苹果酸（propane diacid）。ρ=1.631g/mL（15℃）。熔点135.6℃。白色晶体。溶于水、乙醇和乙醚。

❷ 乙酸酐：又称醋酐（acetic anhydrid）。ρ=1.0820g/mL。沸点139℃。有刺激性气味和催泪作用的无色液体。溶于乙醇，并在溶液中分解成乙酸乙酯。溶于乙醚、苯、氯仿。遇水分解成乙酸，容易燃烧，实验场所应远离火源。

❸ 滴加浓硫酸时速度不宜过快，可用滴管缓慢加入。

❹ 丙酮：acetone。ρ=0.7898g/mL。沸点56.5℃。无色易挥发和易燃液体，有微香气味。能与水、甲醇、乙醇、乙醚、氯仿、吡啶等混溶。能溶解脂肪、树脂和橡胶。

实验五
乳酸正丁酯的合成

x 乳酸正丁酯（*n*-butyl lactate），别名 2-羟基丙酸正丁酯。它是重要的食用香料，可作为医药和食品着香剂，同时也是一种可降解的高沸点、性能优良的溶剂，还可作为合成树脂、黏合剂的原料。乳酸正丁酯的传统制备方法是以硫酸催化的直接酯化法，由于硫酸催化下易发生副反应及腐蚀设备等，近年来很多文献报道了能够取代硫酸的数种催化剂，如强酸性阳离子交换树脂、对甲苯磺酸、维生素 C、脂肪酸、固体酸、无水氯化钙、离子液体等，都具有一定的借鉴意义。此外有的文献还采用了微波辐射等技术。综合原料的价廉易得、操作方便、收率及环保等因素，本实验选用硫酸氢钠作催化剂合成乳酸正丁酯。

【反应式】

$$CH_3CH(OH)COOH+CH_3(CH_2)_2CH_2OH \xrightarrow{NaHSO_4} CH_3CH(OH)COOC_4H_9+H_2O$$

【主要试剂】

乳酸（10.5mL，0.1mol），正丁醇（27mL，0.3mol），$NaHSO_4$（0.5g，0.004mol）。

【实验步骤】

在 250mL 三口烧瓶中加入 10.5mL 乳酸、27mL 正丁醇和 0.5g $NaHSO_4$，装上分水器和回流冷凝管，磁力搅拌，缓慢加热，保持体系回流，控制体系温度为120℃❶，至分水器中无水珠可见，继续回流 10～20min。停止加热，冷却至室温。静置一段时间，待硫酸氢钠完全沉淀后❷，将反应液倾倒入分液漏斗中（催化剂因不溶于反应液而留在反应瓶中），分出水层，有机相用水洗至中性，然后用无水硫酸镁干燥。将有机相转入 100mL 圆底烧瓶中进行常压蒸馏，先蒸出未反应的正丁醇待回收用❸，然后换用空气冷凝管收集 170～190℃馏分（可用减压蒸馏收集 80～82℃/1.8kPa 的馏分），即为粗产物乳酸正丁酯。粗品经过

---

❶ 反应中正丁醇既是反应物又是带水剂。由于正丁醇沸点较高，故反应温度较高有利于反应的进行，但过高的反应温度容易产生副反应，会降低乳酸正丁酯的产率并影响产品质量。因此控制合适的油浴温度十分重要。

❷ 此时可取样测定乳酸的酯化率。按 GB 1668—81 的方法，用 0.1mol/L 氢氧化钾-乙醇测定反应前后的酸值，乳酸酯化率=(1－反应后体系的酸值/反应前体系的酸值)×100%。

❸ 实验中过量的正丁醇在蒸馏过程中收集于 160℃以前的馏分，这部分前馏分除有正丁醇外还有少量乳酸。

简单分馏，收集 185～187℃馏分，得到无色透明液体即乳酸正丁酯❶，测定折射率。

【光谱数据】

① 本法合成的乳酸正丁酯为无色透明液体，测定折射率：文献值 $n_D^{20}=1.4210$。

② IR(KBr，cm^{-1})：3472（νO—H）；2953，2938，2876（νC—H）；1738（νC＝O）；1211，1132（νC—O）。

【思考题】

1. 常压蒸馏收集 170～190℃馏分时，为什么换用空气冷凝管？

2. 实验中正丁醇的用量多少对反应有何影响？

3. 查阅文献了解催化乳酸和正丁醇酯化反应的催化剂有哪些？本实验中硫酸氢钠的使用有何优势？

实验六 2-(4-氯苯甲酰)苯甲酸的合成

【反应式】

邻苯二甲酸酐 + 氯苯 $\xrightarrow{AlCl_3}$ 2-(4-氯苯甲酰)苯甲酸

【主要试剂】

邻苯二甲酸酐（14.8g，0.1mol），氯苯（90g，0.8mol），无水三氯化铝（32g，0.24mol），30％盐酸，固体氢氧化钠，10％盐酸。

【实验步骤】

在安装好的反应瓶中迅速加入 90g 氯苯❷和 32g 无水三氯化铝❸，开动搅

---

❶ 乳酸正丁酯：沸点 187℃。有淡淡的气味，微溶于水，遇强酸、强碱会分解，应避免与强氧化剂接触。避免处于高温、明火及引火源环境中。对皮肤、眼睛有刺激性。

❷ 氯苯：chlorobenzene。沸点 132℃。无色透明液体，有像苯的气味。不溶于水，溶于乙醇、乙醚、氯仿、苯等。易燃烧，使用时场地周围应远离火源。化学性质不活泼，仅在特殊情况下氯才能被取代。

❸ 无水三氯化铝：该品具有腐蚀性，能引起烧伤。溶于水后产生大量的热，激烈时能燃烧或爆炸。接触皮肤后应立即用大量指定的液体冲洗。应密封干燥保存。

拌，油浴加热至70℃，再从反应瓶侧口缓慢加入14.8g邻苯二甲酸酐❶，加料温度控制在75～80℃之间❷，加完后继续在此温度下反应2.5h，得透明红棕色黏稠液体，停止反应，自然冷却。将反应液缓慢倒入装有170g碎冰和15mL 30%盐酸的500mL的烧杯中，搅拌30min（此操作最好在通风橱中进行），静置分层，氯苯层用水洗涤两次，每次用水170mL。所得氯苯层加5%的NaOH溶液100mL，搅拌30min，使产品成为钠盐溶于水中，静置分层。将分离出来的氯苯层再用5%的NaOH溶液40mL同样操作一次，两次水液合并，氯苯倒入溶剂回收罐。将上述得到的水溶液，在搅拌下滴加10%的盐酸酸化，温度控制在10℃以下，酸化至pH＝2～3❸。继续搅拌一段时间使pH不再升高为止，有固体产品析出，静置，抽滤。滤饼用冷水洗涤至pH为3.5以上，烘干得目标产品❹，称量，测熔点。

【思考题】

1. 本反应为什么需无水操作？
2. 本制备实验中无水三氯化铝作用是什么？
3. 产品提取过程中，两次用到酸化，其作用和盐酸用量各有什么不同？

实验七 L-抗坏血酸棕榈酸酯的合成

L-抗坏血酸棕榈酸酯（ascorbyl palmitate，AP），别名维生素C棕榈酸酯，化学名为L-2,3,5-三羟基-2-己烯酸-γ-内酯-6-十六酸酯，可添加于食品中作为抗氧化剂及补充维生素C的营养强化剂。目前，L-抗坏血酸棕榈酸酯合成方法主要有硫酸、无水氟化氢等催化的直接酯化法、酯交换反应法、酰卤酯化法及酶催化合成法等。本实验选用工艺路线较成熟的硫酸酯化法。

---

❶ 加入速度应慢些，过快反应剧烈，温度不易控制，大量氯化氢气体逸出，有冲料危险。

❷ 反应温度应控制在75～80℃之间，温度过低反应不完全，太高反应物容易分解，影响产品质量和收率。

❸ 酸化时酸度应控制在pH3以下，否则可能有氢氧化铝一起析出，影响产品质量。同时酸化温度在10℃以下，滴加酸的速度宜慢，这样可使结晶均匀，不致结块成胶状物。

❹ 2-(4-氯苯甲酰)苯甲酸：别名对氯苯甲酰苯甲酸或邻(对氯苯甲酰)苯甲酸。*p*-chlorobenzoylbenzoic acid。熔点143～148℃。白色至类白色粉末。

【反应式】

$$\text{(L-抗坏血酸)} + CH_3(CH_2)_{14}COOH \xrightarrow{\text{浓}H_2SO_4} \text{(L-抗坏血酸棕榈酸酯)}$$

【主要试剂】

L-抗坏血酸（5.4g，0.03mol），98%硫酸（20mL），棕榈酸（10.5g，0.04mol），氯化钠，乙醇，正己烷。

【实验步骤】

向100mL三口烧瓶加入20mL 98%硫酸❶后，将5.4g L-抗坏血酸❷粉末分多次缓慢加入烧瓶中，搅拌，使其全部溶解，静置24h后搅拌下用恒压滴液漏斗缓慢滴加10.5g棕榈酸❸，并用水或冰浴控制反应体系温度不超过30℃❹。滴加结束后，在室温下继续搅拌2h。将反应液倒入10～20g碎冰中稀释，得到粗品晶体。过滤，滤饼用饱和氯化钠溶液洗至中性，用正己烷洗3次，减压除去有机溶剂，在乙醇-正己烷中重结晶得L-抗坏血酸棕榈酸酯❺，收率70%～80%。

【光谱数据】

红外光谱（IR，KBr压片）主要吸收峰（cm^{-1}）：3391（νO—H）；2956，2918，2861（νC—H）；1711，1733（νC=O）；1682（νC=C）；1473（δC—H）；1010～1200（νC—O—C）。

【思考题】

1. 本实验中浓硫酸起哪些作用？

2. 滴加棕榈酸的过程中温度为什么需要控制在30℃以下？

---

❶ 98%硫酸：浓硫酸对人体皮肤有强烈的腐蚀作用，操作中要小心谨慎，勿将其溅在身体上。如果不慎在皮肤上沾上浓硫酸，应立即用布拭去，然后迅速用大量水冲洗，最后涂上3%～5%的$NaHCO_3$溶液。

❷ L-抗坏血酸：又称维生素C（ascorbic）。熔点190～192℃。$\rho=1.65$g/mL。白色结晶粉末，无臭，味酸。溶于水，稍溶于乙醇，不溶于乙醚、氯仿、苯、石油醚、油类和脂肪。

❸ 棕榈酸：又称软脂酸（palmitic acid）。$\rho=0.849$g/mL（70℃/4℃），0.8527（62℃）。熔点63～64℃。白色带有珠光的鳞片。不溶于水，微溶于石油醚，易溶于乙醚、氯仿和冰醋酸。

❹ 维生素C是热敏性物质，在较高温度下会产生分解等副反应，因此反应温度的控制对产品的收率和品质影响很重要。

❺ L-抗坏血酸棕榈酸酯：熔点107～117℃。白色或黄白色粉末，有轻微气味，极微溶于水和植物油，易溶于无水乙醇及无水甲醇中，室温下，4.5mL无水乙醇可溶解本品1g，且其溶解度随温度升高而增大。

实验八 阿司匹林的合成

阿司匹林（aspirin），别名乙酰水杨酸、醋柳酸，化学名2-(乙酰氧基）苯甲酸。本品为解热镇痛非甾体抗炎药，抗血小板凝集药。近来发现其具有强效的抗血小板凝聚作用，具有能够治疗和预防心脑血管疾病的新用途，此外还具有防落花、落果等功效。由于其价格低廉，疗效显著，且防治疾病范围广，这种人工合成的百年老药至今仍被广泛使用。该药传统的合成方法是用乙酸酐与水杨酸在浓硫酸的催化下制备，目前报道了其他数种催化剂代替浓硫酸，如磷酸及对甲苯磺酸等酸催化剂、无水碳酸钠和吡啶等碱催化剂、稀土氯化物、杂多酸、分子筛、维生素C等。微波辐射手段可以加快合成速度。本实验选用浓磷酸做催化剂合成目标产品。

【反应式】

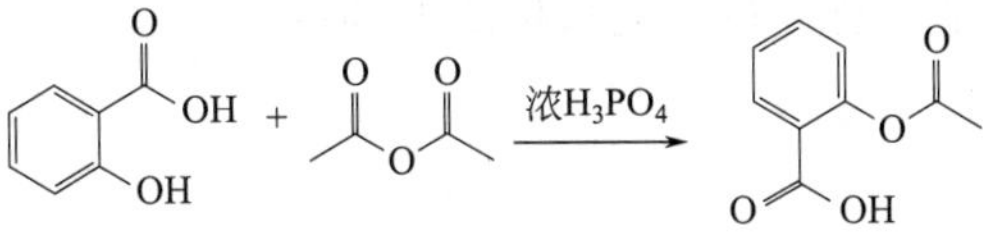

O OH OH + O O O $\xrightarrow{\text{浓}H_3PO_4}$ O O O OH

【主要试剂】

水杨酸（2g，0.01mol），乙酸酐（5mL，0.05mol），饱和碳酸氢钠溶液，浓磷酸，浓盐酸。

【实验步骤】

取2g水杨酸[1]放入100mL锥形瓶[2]中，加入5mL乙酸酐[3]，随后用滴管加入2～3mL浓磷酸[4]。摇动锥形瓶使水杨酸全部溶解后，在80～90℃水浴上加热5～10min[5]。冷却至室温，即有乙酰水杨酸结晶析出（如无结晶析出，可用玻璃棒摩擦锥形瓶壁促使其结晶，或放入水中冷却使结晶产生）。结晶析出后再加

---

❶ 水杨酸：邻羟基苯甲酸，salicylic acid。白色针状晶体或毛状结晶性粉末。微溶于冷水，易溶于乙醇、乙醚、氯仿和沸水。水溶液呈酸性。在76℃升华。

❷ 乙酰化反应所用仪器、量具必须干燥。

❸ 乙酸酐：易燃并有催泪作用，因此使用时注意远离明火，可在通风橱进行有关操作。

❹ 浓磷酸对皮肤有腐蚀性，使用时勿溅到皮肤上。

❺ 乙酰化反应温度不宜过高，否则将增加副产物（水杨酰水杨酸酯、乙酰水杨酰水杨酸酯）的生成。

50mL 水，继续在冰水中冷却，直至晶体全部析出为止。减压过滤，用少量水洗涤，抽干，然后将粗品置于表面皿中晾干（在空气中放置干燥得粗品），称量，计算收率。

将粗品放入 150mL 烧杯中，边搅拌边加入 25mL 饱和碳酸氢钠溶液，加完后继续搅拌几分钟，直至无二氧化碳气泡产生为止。抽滤，并用 5～10mL 水洗涤滤饼，将滤液倾入预先盛有 3～5mL 浓盐酸和 10mL 水的烧杯中，搅拌均匀，即有乙酰水杨酸沉淀析出，在冰浴中冷却，使结晶完全析出后，减压过滤，并用玻璃塞压紧晶体，尽量抽去滤液，再用冷水洗涤晶体 2～3 次，抽去水分，将晶体移至表面皿，干燥，测定熔点并计算产率。可用少量苯重结晶得到更纯的产物阿司匹林❶。

【光谱数据】

红外光谱（IR，KBr 压片）主要吸收峰（cm^{-1}）：2500～3200（O—H）；1720（酯 C ═O）；1695（羧酸 C ═O）；1615，1580，1485（C ═C）；1205，1190（酸和酯 C—O）；760（苯环邻取代）。

【思考题】

1. 本实验中浓磷酸的作用是什么？还可用哪些试剂替代浓磷酸？
2. 反应中有哪些副产物？如何将产品与副产物分开？
3. 可以选择哪些试剂检验乙酰水杨酸的纯度？

实验九 扑热息痛的合成

扑热息痛（paracetamol），别名醋氨酚。化学名称：对乙酰氨基酚。本品为非那西丁或乙酰苯胺在体内的代谢产物，系常用的解热镇痛药，适用于感冒发热以及各种神经痛、头痛、偏头痛等。其解热镇痛消炎作用较水杨酸为差，副作用较非那西丁和水杨酸类药物少，是一种较安全的解热镇痛药。本实验直接以对氨基苯酚为原料，经醋酐酰化反应制备扑热息痛。

【反应式】

H_2N—C_6H_4—OH + $(CH_3CO)_2O$ ⟶ CH_3CONH—C_6H_4—OH

❶ 阿司匹林：白色结晶或结晶性粉末，熔点 135～136℃。无臭或微带醋酸臭，味微酸，微溶于水，溶于乙醇、乙醚、氯仿，溶于碱溶液如氢氧化钠、碳酸钠等。

【主要试剂】

对氨基苯酚（10.6g，0.10mol），醋酐（12mL，0.13mol），亚硫酸氢钠（0.5g），活性炭（1g）。

【实验步骤】

于干燥的100mL锥形瓶中加入对氨基苯酚❶10.6g，水30mL，醋酐❷12mL，轻轻振摇使之成均相，于80℃水浴中加热反应30min，放冷，析晶，过滤，滤饼以10mL冷水洗2次，抽干，干燥，得白色结晶性对乙酰氨基酚粗品。于100mL锥形瓶中加入对乙酰氨基酚粗品，每克用水5mL，加热使溶解，稍冷后加入活性炭1g，煮沸5min，在吸滤瓶中先加入亚硫酸氢钠❸0.5g，趁热过滤，滤液放冷析晶，过滤，滤饼以0.5%亚硫酸氢钠溶液5mL分2次洗涤，抽滤，干燥，得白色扑热息痛❹纯品，称量，测熔点。红外谱图见图3-2。

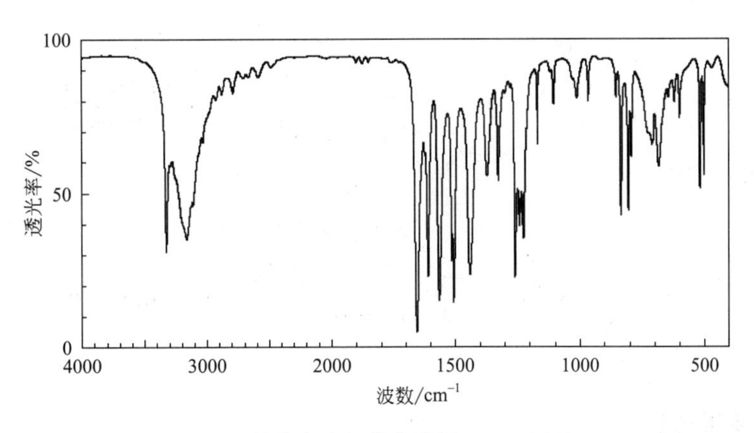

图3-2 扑热息痛红外光谱图（KBr压片）

【思考题】

1. 酰化反应为何选用醋酐而不用醋酸作酰化剂？
2. 加亚硫酸氢钠的目的何在？
3. 对乙酰氨基酚中的特殊杂质是何物？它是如何产生的？

---

❶ 对氨基苯酚的质量是影响对乙酰氨基酚产量、质量的关键，购得的对氨基苯酚应是白色或淡黄色颗粒状结晶，熔点183～184℃。

❷ 酰化反应中，加水30mL。有水存在，醋酐可选择性地酰化氨基而不与酚羟基作用。若以醋酸代替醋酐，则难以控制氧化副反应，反应时间长，产品质量差。

❸ 加亚硫酸氢钠可防止对乙酰氨基酚被空气氧化，但亚硫酸氢钠浓度不宜过高，否则会影响产品质量（亚硫酸氢钠限量超过《中国药典》允许量）。

❹ 扑热息痛：白色结晶性粉末，熔点168～171℃，无臭，味微苦。易溶于热水或乙醇，溶于丙酮，微溶于水。

实验十 盐酸伊立替康的合成

盐酸伊立替康（irinotecan）是7-乙基-10-羟基喜树碱的前体药物，它是转移性结直肠癌一线治疗的化疗药，也用于小细胞和非小细胞肺癌、宫颈癌及卵巢癌、结直肠癌的治疗等，对标准治疗方案无效的卵巢癌、子宫癌、胰腺癌和胃癌亦有疗效。盐酸伊立替康合成方法以7-乙基-10-羟基喜树碱（SN38）和4-哌啶基哌啶甲酰氯为起始物料，通过酰胺化反应合成得到游离碱，而后与盐酸成盐得到。本实验采用碳酸钾作为催化剂进行反应。

【反应式】

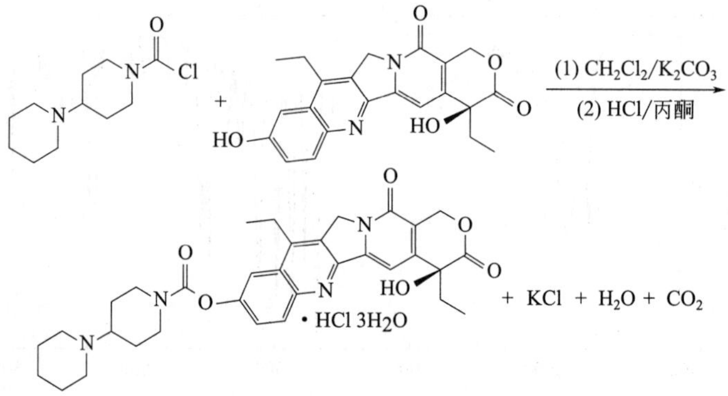

(1) CH_2Cl_2/K_2CO_3
(2) HCl/丙酮

· HCl 3H_2O + KCl + H_2O + CO_2

【主要试剂】

SN38（3.9g，0.01mol），4-哌啶基哌啶甲酰氯（4.0g，0.015mol），碳酸钾（2.8g，0.02mol），二氯甲烷，吡啶，碳酸氢钠，正己烷，水，盐酸，丙酮。

【实验步骤】

向三口瓶中加入二氯甲烷45mL，7-乙基-10-羟基喜树碱（SN38）3.9g和4.0g 4-哌啶基哌啶甲酰氯，室温充分搅拌后，加入吡啶18mL和碳酸钾[1]2.8g。继续在室温下搅拌反应6h；加入5%碳酸氢钠溶液50mL[2]，中和反应混合物，萃取分层；分出有机相，向有机相中加入水25mL，振摇洗涤20min[3]，分层，得有机相；有机相加入正己烷190mL；搅拌析晶2h，过滤，将滤饼加入三口瓶

---

❶ 碳酸钾是有机反应中常用的一种温和催化剂，加入后促进有机酸和有机碱缩合反应的进行。

❷ 该反应用5%碳酸氢钠溶液进行淬灭反应，溶液浓度太高时盐酸伊立替康结构容易受到破坏，内酯环开环形成羧酸副产物。

❸ 振摇洗涤主要作用是去除反应过程中包裹的无机盐。

中，再加入二氯甲烷70mL，回流搅拌溶清，搅拌下滴加浓盐酸（6mol/L）溶液1mL；减压浓缩二氯甲烷至干，加入纯化水15mL搅拌溶解，搅拌下加入丙酮45mL，在0～5℃搅拌结晶18～20h❶。过滤，滤饼用适量丙酮洗涤，35℃真空干燥2h，得淡黄色固体，称重，计算收率。

【光谱数据】

红外光谱（IR，KBr压片）主要吸收峰（cm^{-1}）：3377（醇νO—H）；2937（νC—H）；2626，2543（νN—H）；1748（内酯νC═O）；1686（酰胺νC═O）；1662，1612（νC═C）；1451（δC—H）；1160（νC—O）。

【思考题】

1. 本实验中加入正己烷的作用是什么？
2. 本实验中加入吡啶的作用是什么？

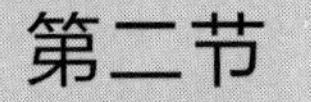

第二节 / 烃化反应

实验十一 N-苄基乙酰苯胺的合成

【反应式】

$$C_6H_5NH_2 \xrightarrow{(CH_3CO)_2O} C_6H_5NHCOCH_3 \xrightarrow[Bu_4NCl,NaHCO_3]{C_6H_5CH_2Cl} C_6H_5N(CH_2C_6H_5)COCH_3$$

【主要试剂】

新蒸苯胺（8mL，0.096mol），乙酸酐（12mL，0.12mol），四丁基氯化铵（0.1g，0.0004mol），无水碳酸氢钠（4g，0.048mol），苄氯（4.68g，0.037mol），丙酮（150mL），乙酸乙酯（100mL），饱和食盐水，无水硫酸钠。

---

❶ 盐酸伊立替康在丙酮和水溶液中析晶的主要作用是提高纯度和成盐。

【实验步骤】

1. 乙酰苯胺的制备

于250mL三口烧瓶中加入8mL苯胺❶和120mL水，搅拌下逐渐滴加12mL乙酸酐❷（大约5min加完）。然后置冰水中再搅拌3min，经布氏漏斗抽滤结晶以少量冷水洗涤一次，抽干，在烘箱中60℃下彻底烘干，得产品约9g。

2. N-苄基乙酰苯胺的合成

在干燥的250mL三口烧瓶中加入上述制备的乙酰苯胺5g、0.1g四丁基氯化铵❸及4g无水碳酸氢钠，随后加入丙酮100mL。然后在搅拌下于60～70℃滴入溶有4.68g苄氯❹的50mL丙酮溶液（约45min），滴完后继续于上述温度下搅拌反应5h，冷却、过滤，回收溶剂至干。剩余物溶解于100mL乙酸乙酯中，用饱和食盐水洗涤（2×50mL），有机相用无水硫酸钠干燥0.5～1h，过滤，回收溶剂至干，得淡黄色油状产物。

【思考题】

1. 在*N*-苄基乙酰苯胺的合成中碳酸氢钠的作用是什么？
2. 饱和食盐水洗涤的作用是什么？

实验十二 DL-α-苯乙胺的制备及外消旋体的拆分

DL-*α*-苯乙胺（DL-*α*-phenylethylamine，PEA），又称DL-*α*-甲基苄胺，是制备精细化工产品的一种重要中间体，它的衍生物广泛用于医药化工领域，主要用于合成医药、染料、香料及乳化剂等。同时，因其分子中含有一个手性中心而分为(*R*)-*α*-苯乙胺和（*S*）-*α*-苯乙胺。这两种单一对映体广泛地用作手性拆分剂，拆分有机酸类。同时又是较好的手性助剂及合成原料。目前合成外消旋*α*-苯乙胺方法

---

❶ 苯胺：phenylamine。ρ=1.0216g/mL。沸点184.4。无色油状液体，有强烈气味，有毒。稍溶于水，与乙醇、乙醚、苯混溶。暴露于空气变色。

❷ 乙酸酐：醋酐。acetic anhydrid。ρ=1.0820g/mL。沸点139℃。有刺激性气味和催泪作用的无色液体。溶于乙醇，并在溶液中分解成乙酸乙酯。溶于乙醚、苯、氯仿。易燃烧，实验场所应远离火源。

❸ 四丁基氯化铵：白色晶体。熔点41～44℃。可溶于水。

❹ 苄氯：氯化苄（benzyl chloride）。沸点179.4℃。纯品是无色而有强折光性的液体，具有刺激性气味。不溶于水，溶于乙醇、乙醚、氯仿等有机溶剂。蒸气具有催泪作用，并刺激皮肤和呼吸道，能与蒸气一同挥发。使用时最好在通风橱内操作。

主要有传统的苯乙酮和甲酸胺的 Leuckart 反应及在此基础上超声波、微波的辅助合成；此外还有以苯乙酮等为原料的催化加氢还原制备法，以苯甲腈与格氏试剂为原料合成 PEA，烷基锂与苯甲胺合成 PEA，苯甲醛与磺酰胺反应生成 PEA 等方法。光学活性的 α-苯乙胺可以通过不对称合成和化学衍生拆分法进行合成。拆分法主要包括诱导结晶和以酒石酸、苹果酸、（＋）顺 1,2-环氧丙基磷酸等为拆分剂。本实验中通过苯乙酮和甲酸胺的 Leuckart 反应制备 DL-α-苯乙胺，拆分剂选用 (R)-TTCA，该拆分剂具有价廉、易于制备和便于回收利用的特点。

【反应式】

（1）苯乙胺的制备

$$C_6H_5COCH_3 + HCOONH_4 \longrightarrow C_6H_5\underset{\displaystyle NH_2}{\underset{|}{C}}HCH_3 + CO_2 + H_2O$$

（2）苯乙胺外消旋体的拆分

H COOH / HN S / S ＋ $C_6H_5CHCH_3$ (NH$_2$) ⟶ H COOH / HN S / S · H_2N—C(H)(C_6H_5)(CH_3) ＋ H—C(NH_2)(C_6H_5)(CH_3)

R(+)对映体过量

↓ NaOH

H COOH / HN S / S $\xleftarrow{H^+}$ H COONa / HN S / S ＋ H_2N—C(H)(C_6H_5)(CH_3)

S(−)对映体过量

【主要试剂】

苯乙酮（15.75mL，0.135mol），甲酸铵（27g，0.435mol），苯，浓盐酸，氢氧化钠，(R)-TTCA 自制（0.328g，0.002mol），乙酸乙酯，1mol/L 氢氧化钠，饱和食盐水，无水硫酸钠，无水乙醇。

【实验步骤】

1. DL-α-苯乙胺的制备

在装有温度计和连接有常压蒸馏装置的 100mL 二口圆底烧瓶中加入 15.75mL 苯乙酮[1]和 27g 甲酸铵[2]，加热后反应混合物开始熔化，当温度升到

---

[1] 苯乙酮：acetophenone。熔点 19.7℃，沸点 202.3℃。无色晶体或浅黄色油状液体，有山楂的香气。微溶于水，易溶于许多有机溶剂。

[2] 甲酸铵：ammonium formate。熔点 116℃。无色晶体或粒状粉末，易潮解。溶于水、乙醇。

140℃时熔化后的液体呈两相，继续加热反应物便成一相。待温度升到185℃时停止加热，反应约需0.5h，在此反应过程中，水和苯乙酮被蒸出，同时不断产生泡沫，放出二氧化碳气体。将馏出物转入离心试管中，分层，用滴管吸取苯乙酮层，加回到反应瓶中，然后在180～185℃加热约1.5h。冷却后，移入50mL分液漏斗中，加入15mL水洗涤反应物，分出有机相，水相每次用10mL苯❶提取两次，合并苯相及油相，加入20mL浓盐酸及几粒沸石，在蒸馏瓶中蒸出苯，然后再缓缓沸腾40～50min，使*N*-甲酰-*α*-苯乙胺进行水解。将水解后的酸性水溶液移至水蒸气蒸馏装置中，加入事先准备好的氢氧化钠溶液（25g氢氧化钠溶解于50mL水中）进行水蒸气蒸馏。收集馏出物至弱碱性为止。将馏出物每次用10mL苯提取4次，合并提取液，干燥，减压蒸馏，收集粗产品为无色或淡黄色液体以备拆分用，沸点187.4℃，折光率n_D^{20}为1.5260。

2. DL-α-苯乙胺的拆分

量取0.52mL DL-*α*-苯乙胺溶于20mL乙酸乙酯，称取0.328g（*R*）-TTCA❷溶于20mL乙酸乙酯，溶完后转入液封漏斗中。在室温条件下，将液封漏斗中的（*R*）-TTCA乙酸乙酯液向苯乙胺乙酸乙酯中滴加❸；全部滴完后，继续反应30min。反应结束后立即过滤，并用少许乙酸乙酯冲洗滤渣，这样会减小*R*(+)-*α*-苯乙胺的损失。滤渣为白色固体*R*(−)-TTCA·*S*(−)-*α*-苯乙铵盐，滤液部分用20mL 1mol/L氢氧化钠液洗涤，再用饱和食盐水（3×20mL）洗涤，有机相倒入烧杯中，此为*R*(+)-*α*-苯乙胺母液。

将*R*(−)-TTCA·*S*(−)-*α*-苯乙铵盐放入圆底烧瓶中，加入20mL 1mol/L氢氧化钠溶液搅拌反应，白色块状物逐渐溶解，最后得到无色透明溶液。反应10min后停止反应，然后用60mL乙酸乙酯（3×20mL）洗涤，得到淡黄色油状液。用饱和食盐水60mL（3×20mL）洗涤❹，上层为无色油状液体，下层为无色透明液体，将有机相倒入100mL烧杯中，加入无水硫酸钠干燥，静置2～3h，得*S*(−)-*α*-苯乙胺母液。

将上述得到的两母液分别过滤，然后在旋转蒸发器上蒸出乙酸乙酯，得到两份淡黄色液体[*R*(+)-*α*-苯乙胺和*S*(−)-*α*-苯乙胺]。称取*R*(+)-*α*-苯乙胺0.1g，溶于10mL无水乙醇中，摇匀，转入旋光管，测旋光度；测定*S*(−)-*α*-

❶ 苯有毒，在用苯提取苯乙胺时要戴手套并在通风橱中操作。

❷ （*R*）-TTCA自制，参见本教材第三章第八节实验三十一（*R*）-四氢噻唑-2-硫酮-4-羧酸的合成。

❸ 苯乙胺拆分中，（*R*）-TTCA滴加速度不能太快。

❹ 拆分中用的氢氧化钠一定要除净，否则产品放置一天后会变成固体。

苯乙胺旋光度，方法同 R(+)-α-苯乙胺。

【光谱数据】

R(+)-α-苯乙胺：$[\alpha]_D^{20}=+29.28°$（$c=0.31$，C_2H_5OH）。

S(−)-α-苯乙胺：$[\alpha]_D^{20}=-29.28°$（$c=0.10$，C_2H_5OH）。

红外光谱（KBr 压片，cm^{-1}）：3363（νN—H）；1603，1499（C_6H_5）；1374.6（CH_3）。

【思考题】

1. 在苯乙胺的制备过程中，反应完后用水洗涤能除去哪些物质？
2. 合成 α-苯乙胺的反应为 Leuckart 反应，试写出此反应机理。
3. 在拆分试验中关键步骤是什么？如何控制反应条件才能分离好旋光异构物？

实验十三
烯丙基丙二酸的合成

【反应式】

$$CH_2(CO_2C_2H_5)_2 \xrightarrow[C_2H_5ONa/C_2H_5OH]{CH_2=CHCH_2Cl} CH_2=CHCH_2CH(CO_2C_2H_5)_2 \ (\text{I})$$

$$\xrightarrow{KOH/C_2H_5OH} CH_2=CHCH_2CH(COOH)_2 \ (\text{II})$$

【主要试剂】

丙二酸二乙酯（30g，0.19mol），钠（4.4g，0.19mol），3-氯丙烯（14.7g，0.19mol），无水乙醇（55mL，0.95mol），氢氧化钾（21g，0.38mol），蒸馏水（22mL），乙酸乙酯，无水硫酸钠，饱和氯化钠溶液，苯。

【实验步骤】

1. 烯丙基丙二酸二乙酯(Ⅰ)的制备

在干燥的 250mL 三口烧瓶中加入无水乙醇❶，搅拌下加入切成小块的 4.4g 光亮金属钠❷，加入速度以维持正常回流为宜，金属钠加完后搅拌至其完全溶

---

❶ 该反应需无水操作，因此所用原料、仪器保证无水，反应期间避免水汽进入体系，回流冷凝管上需安装干燥管。

❷ 金属钠遇水即燃烧、爆炸，使用时应严防与水接触。切金属钠时应用滤纸吸去溶剂油，小心地将金属钠切成小块，置于密闭小瓶，称量，备用。

解。油浴温度在100℃左右时边搅拌边滴加丙二酸二乙酯❶（约15min），再回流20min，然后将油浴温度降至75～80℃，慢慢加入14.7g 3-氯丙烯❷，加入的速度可使乙醇缓和地回流，通常约需半小时，加完后继续回流1h。蒸去过量的乙醇，产物冷却后用30～40mL左右水稀释，然后移至分液漏斗中，用乙酸乙酯提取（3×30mL），合并有机层，用饱和氯化钠溶液洗涤（2×25mL），再用少量水洗1次，无水硫酸钠干燥过夜至溶液变清，常压蒸除溶剂后减压蒸馏，收集116～124℃（20mmHg馏分），产品即为烯丙基丙二酸二乙酯❸。

2. 烯丙基丙二酸（Ⅱ）的制备

在装有搅拌器、回流冷凝管的三口烧瓶中，加入22mL水和21g氢氧化钾，搅拌至氢氧化钾溶解后慢慢滴加30g烯丙基丙二酸二乙酯，加完后再回流约1h。蒸去乙醇，冷却至室温后，加入1∶1盐酸水溶液，酸化至pH为3左右，用乙酸乙酯提取（3×20mL），合并有机层，用饱和氯化钠溶液洗涤有机层2次，再用少量水洗1次，分离后用无水硫酸钠干燥过夜，减压抽滤，用苯重结晶，过滤，洗涤，干燥，计算收率，熔点102～105℃。

【思考题】

1. 本实验中制备烯丙基丙二酸二乙酯和烯丙基丙二酸分别应用什么反应原理？

2. 本实验中为保证制备反应的顺利进行需注意哪些操作事项？

实验十四 来曲唑的合成

来曲唑（letrozole），别名芙瑞、弗隆、菲马拉等。化学名称：1-[双(4-氰基苯基)甲基]-1,2,4-三氮唑。本品是抗肿瘤药物，1996年于英国首次上市。本品为人工合成的苄三唑类衍生物，属第3代芳香化酶抑制剂。主要用于绝经后晚期乳腺癌，多用于抗雌激素治疗失败后的二线治疗。来曲唑对全身各系统及靶器官

---

❶ 丙二酸二乙酯：diethyl malonate。为无色芳香液体；熔点−48.9℃，沸点198～199℃（95℃/2.67kPa）；相对密度为1.0551（20℃/4℃）；不溶于水，易溶于醇、醚和其他有机溶剂中。

❷ 3-氯丙烯：烯丙基氯，3-chloropropene。无色透明液体，有使人不愉快的刺激性气味。沸点44.6℃。ρ=0.94g/mL，不溶于水，可混溶于乙醇、乙醚、氯仿、石油醚等多数有机溶剂。用作药品、杀虫剂、塑料等的中间体。极度易燃，具刺激性。

❸ 烯丙基丙二酸二乙酯：diethyl allylmalonate。无色或浅黄色液体。沸点222～223℃。ρ=1.016g/mL。用作医药的原料和农药中间体。

没有潜在的毒性，具有耐受性好、药理作用强等特点。有多条合成路线制备来曲唑，如以对氰基苄卤和1*H*-1,2,4-三氮唑为原料制得中间体1-(4-氰基苄基)-1*H*-1,2,4-三氮唑后与对卤代苯甲腈反应制备来曲唑；另以*N*-叔丁基对溴苯甲酰胺或苯胺等为起始原料制得中间体4,4′-二氰基二苯基卤甲烷后与1,2,4-三氮唑反应制备来曲唑等。其中经济适用的方法是上述列举的第一种方法。本实验即是以此法制备来曲唑。

【反应式】

(Ⅰ)　　　　(Ⅱ)

【主要试剂】

对氰基苄氯（15.2g，0.10mol），1*H*-1,2,4-三氮唑（10.4g，0.15mol），无水碳酸钾（13.8g，0.10mol），碘化钾（0.8g，0.005mol），乙腈40mL，200～300目硅胶，乙酸乙酯，二氯甲烷，1-(4-氰基苄基)-1*H*-1,2,4-三氮唑（自制）（3.7g，0.02mol），二甲基甲酰胺（DMF）25mL，叔丁醇钾（4.8g，0.04mol），对氟苯腈（2.7g，0.02mol），氯化铵，氯化钠，无水硫酸镁，乙醚，95%乙醇。

【实验步骤】

1. 中间体1-(4-氰基苄基)-1*H*-1，2，4-三氮唑(Ⅰ)的合成

将15.2g对氰基苄氯、40mL乙腈加入250mL三口烧瓶中，搅拌，待对氰基苄氯溶解后继续加入10.4g 1*H*-1,2,4-三氮唑[1]、13.8g无水碳酸钾和0.8g碘化钾，于70℃反应5h，冷却到室温[2]，过滤，滤饼用少量二氯甲烷冲洗。滤液于50℃减压蒸馏，残液用200～300目硅胶柱色谱分离，乙酸乙酯作洗脱液，收集产物（TLC检测），浓缩、结晶、过滤、烘干得中间体白色结晶，熔点77～79℃。

2. 来曲唑(Ⅱ)的合成

冰水浴冷却下（保持0℃），将4.8g叔丁醇钾、10mL DMF加入250mL三口

[1] 1*H*-1,2,4-三氮唑：熔点120～121℃。无色针状结晶，溶于水和乙醇，易吸潮。工业品为白色或浅黄色的针状结晶。

[2] 自然冷却时勿将三口瓶敞开，防止反应液中化合物散逸到空气中造成污染。

烧瓶中，充分搅拌，以恒压滴液漏斗滴加 3.7g 1-(4-氰基苄基)-1*H*-1,2,4-三氮唑与 10mL DMF 的溶液，继续搅拌 40min 后❶，滴加 2.7g 对氟苯腈与 5mL DMF 的溶液，继续反应 50min。向反应混合物中加入适量饱和氯化铵溶液，若有固体未溶解可加水直至固体溶解，溶液澄清。用 40mL 乙酸乙酯分 3～4 次萃取，合并乙酸乙酯萃取液，水洗 2 次，饱和盐溶液洗 1 次，有机相用无水硫酸镁干燥半小时以上，减压蒸馏，可见晶体析出，如未见晶体可加适量乙醚❷置冰箱冷冻过夜，析出晶体用 95%乙醇重结晶得产品，过滤、烘干得最后产品❸，称重。

【光谱数据】

IR（KBr，cm^{-1}）：3402，2924，2225，1610，1499，1434；^{1}H NMR（$CDCl_3$，300MHz）：δ 7.32（s，1H），7.51～7.53（d，J=6.0Hz，4H），7.84～7.86（d，J=6.0Hz，4H），8.19（s，1H），8.70（s，1H）。

【思考题】

1. 中间体 1-(4-对氰基苄基)-1*H*-1,2,4-三氮唑的制备反应中为什么要加入无水碳酸钾和碘化钾？

2. 柱色谱和薄层色谱技术原理是什么？在有机制备中的作用是什么？操作方法有哪几种？

第三节 / 缩合反应

实验十五 DL-扁桃酸的合成及拆分

DL-扁桃酸（DL-mandalic acid）别名：苦杏仁酸、苯羟乙酸等。化学名：α-羟基苯乙酸。DL-扁桃酸是重要的化工原料，在医药工业中主要用于合成羟

---

❶ 混合搅拌形成中间体，故搅拌充分可有利于后续反应的进行。

❷ 乙醚：易挥发和着火，使用时周围远离火源。

❸ 来曲唑：白色结晶，熔点 181～183℃。

苄头孢菌素（AL-226）和环扁桃酸酯、阿托品类解痉药，单体也因具有更高的药效和较低的副作用而备受关注。合成方法主要有：α，α-二氯苯乙酮（$C_6H_5COCHCl_2$）的碱性水解；扁桃腈［$C_6H_5CH(OH)CN$］的水解。这两种方法合成路线长、操作不便且不安全。本实验采用相转移催化反应，一步即可得到产物。此法产率较高，操作简便。本实验采用的相转移催化剂为三乙基苄基氯化铵（TEBA）。扁桃酸具有旋光性，消旋体的拆分可用辛可宁、（＋）-α-甲基苄胺、麻黄素、脂肪酶等拆分剂进行拆分，也可采用色谱柱、生物发酵等方法进行拆分。本实验中使用 D-(－)-苯甘氨酸丁酯作为拆分剂。

【反应式】

$$C_6H_5CHO + CHCl_3 \xrightarrow[(2)\ H^+]{(1)\ NaOH,\ TEBA} C_6H_5CH(OH)COOH$$

反应机理：季铵盐在碱液中形成季铵碱而进入氯仿层，继而季铵碱夺去氯仿层中的一个质子形成离子对后消除生成二氯卡宾。

水相　季铵盐 $R_4N^+Cl^-$ + NaOH ⇌ 季铵碱 $R_4N^+OH^-$ + NaCl

有机相　$R_4N^+OH^-$ + $CHCl_3$ ⇌ $R_4N^+CCl_3^-$（离子对）⇌ $R_4N^+Cl^-$ + CCl_2:（二氯卡宾）

二氯卡宾是非常活泼的反应中间体，与苯甲醛的羰基加成生成环氧中间体，再经重排、水解得扁桃酸。

$$C_6H_5CHO \xrightarrow{CCl_2:} C_6H_5CH\text{-}(O)\text{-}CCl_2 \xrightarrow{\text{重排}} C_6H_5CHCl\text{-}COCl \xrightarrow{OH^-} \xrightarrow{H^+} C_6H_5CH(OH)\text{-}COOH$$

【主要试剂】

苯甲醛（5.2mL，0.05mol），氯仿（8mL，0.10mol），TEBA（0.5g，0.002mol），30％氢氧化钠溶液（由 9g 氢氧化钠即 0.225mol 与 21mL 水配

制），无水硫酸钠，甲苯，乙醚，稀盐酸，50%硫酸，D-(－)-苯甘氨酸丁酯（4g，0.02mol）。

【实验步骤】

1. 扁桃酸的合成

在250mL三口烧瓶中依次加入苯甲醛（5.2mL，0.05mol）[1]、氯仿（8mL，0.10 mol）和TEBA（0.5g，0.002mol）。水浴加热并搅拌[2]（两相反应，应激烈搅拌，以利于反应）。当反应液温度升至56℃时，自滴液漏斗慢慢滴入30%氢氧化钠溶液[3]21mL并保持反应温度在60～65℃（每分钟4～5滴），碱液滴毕后继续搅拌2h（反应温度维持在65～70℃）直至反应液的pH值近中性[4]。

用100mL水将反应液稀释，然后用乙醚[5]萃取两次（2×20mL），以除去未反应的氯仿及其他有机杂质。萃取后的水相用50%硫酸酸化至pH＝2[6]，再用乙醚萃取三次（3×30mL），合并醚层用无水硫酸钠干燥半小时后过滤，水浴蒸馏得外消旋扁桃酸粗品，称量。

将扁桃酸粗品加入100mL烧瓶中，先加入少许甲苯于烧瓶，加热后再补加甲苯，直至溶剂微微沸腾至粗产物恰好溶解为止（每克粗产品约需1.5mL甲苯）。趁热过滤，母液于室温静置，使结晶慢慢析出。过滤得到晶体，产品经干燥后称重，用TLC法与标准品进行对比。

2. 扁桃酸消旋体的拆分

把上述制得的扁桃酸消旋体[7]3g加入50mL水中，搅拌至全溶。在10℃下缓慢滴加4g D-(－)-苯甘氨酸丁酯，有白色沉淀产生，滴加完毕后搅拌10min，

---

[1] 苯甲醛：使用前需重新蒸馏。

[2] 也可采用电磁搅拌器，若用稍大一号的搅拌子，效果更好，由于相转移反应是非均相反应，搅拌的有效性是实验成功的关键，温度计的水银球应浸入液面中高度以不碰到搅拌子为宜。

[3] 氢氧化钠溶液黏度较大，应配制好后冷却马上就滴加否则会结块，且滴加速度不宜过快，4～5滴/min，否则苯甲醛在强碱条件下易发生歧化反应，使副产物增加。

[4] 此时可取反应液用试纸测其pH，应接近中性，否则须适当延长反应时间。

[5] 乙醚有毒，具有麻醉性质，不要吸入其蒸气，不要触及皮肤，属一级易燃品，实验场地不要有明火存在，注意通风。

[6] 用50%硫酸酸化时应酸化至溶液呈强酸性。

[7] 扁桃酸消旋体为白色结晶，熔点120～122℃，密度1.300（20℃），难溶于冷水，溶于热水、乙醇、乙醚、乙酸乙酯和异丙醇。

抽滤，保存滤液，滤饼干燥后得到白色固体，约3g，为D-苯甘氨酸丁酯·*R*-扁桃酸。将D-苯甘氨酸丁酯·*R*-扁桃酸溶于80mL稀盐酸溶液中，室温下搅拌10min后用乙醚萃取3次（50mL×3），水相回收利用，有机相脱去溶剂乙醚后得到白色固体，干燥得*R*-(－)-扁桃酸。用水多次重结晶后，得到*R*-(－)-扁桃酸纯品，测收率和比旋光度。

将上述反应滤液用少量浓硫酸酸化，用乙醚萃取3次（80mL×3），有机相合并后减压蒸出溶剂乙醚，干燥后得到*S*-(＋)-扁桃酸，用水两次重结晶后得到纯品，测收率和比旋光度。

【光谱数据】

红外光谱（IR，KBr压片）（cm^{-1}）：3397，1064（醇νO—H）；1299（醇δO—H）；2969，2720，2632（羧基中νC—H）；1454，941（羧基O—H）；1717（νC═O）；3032（Ph，νC—H）；1588，1497，1064（ν—Ph）；890～685（Ph，C—H）。

【思考题】

1. 请解释相转移催化反应，常用的相转移催化剂有哪些？
2. 请阐述相转移催化产生二氯卡宾的反应原理。
3. 反应结束后为什么要用水稀释后用乙醚萃取？

实验十六 2-甲基-4-甲氧甲基-5-氰基-6-羟基吡啶的合成

【反应式】

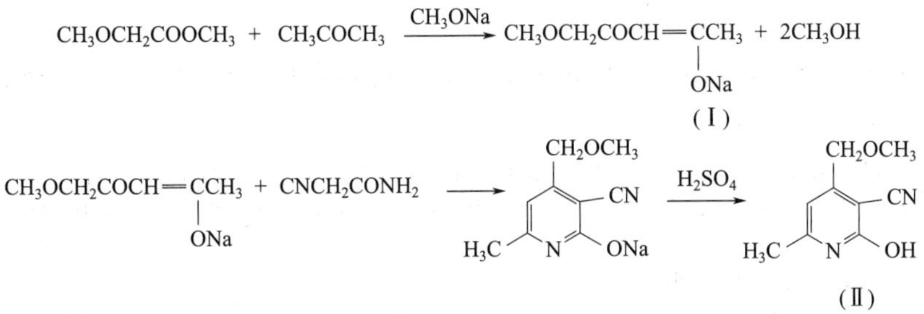

【主要试剂】

甲氧基乙酸甲酯（24g，0.23mol），丙酮（13.4g，0.23mol），甲醇钠（48g，0.25mol），二甲苯（54g，0.23mol），氰乙酰胺，乙酸乙酯，稀硫酸。

【实验步骤】

1. 甲氧基乙酰丙酮（Ⅰ）的制备

在干燥的 250mL 三口烧瓶上装温度计，另一口加入甲醇钠❶，接上蒸馏装置，用油浴加热，先常压蒸除然后减压蒸除甲醇，待甲醇馏出速度极慢时，加入二甲苯和计算量的乙酸乙酯，继续常压蒸出甲醇和二甲苯的混合液以除尽甲醇❷，直至液温达 135～138℃。甲醇蒸出后，将反应液冷却至 25℃左右，拆除蒸馏装置。

另将甲氧基乙酸甲酯❸和丙酮在锥形烧瓶中混合，充分摇匀，倒入滴液漏斗，装在上述三口烧瓶的一口上。开动搅拌，缓慢滴加，反应放热，反应液温度逐渐上升到 60℃，在 60～65℃加完后，继续控制在 60～65℃反应 50min，然后冷却到 30℃，得到浆状物料，即甲氧基乙酰丙酮。

2. 2-甲基-4-甲氧甲基-5-氰基-6-羟基吡啶（Ⅱ）的合成

将氰乙酰胺❹溶液缓慢加入上述步骤得到的浆状物料中，加料温度控制在 30～45℃，加完后，于 40℃保温反应 40min。将反应液倒入分液漏斗中，静置分层，上层二甲苯分离开，下层反应液放入烧杯中，在搅拌下滴加稀硫酸酸化，酸化温度为 50～55℃，酸化终点 pH 为 8.8～9.0（由精密 pH 试纸测定）❺，继续保温搅拌 30min 使 pH 稳定不变，析出的固体产品经抽滤后，滤饼用冷水洗涤至中性，烘干、称重、计算收率、测熔点（文献值熔点 237～241℃）。

实验十七
盐酸苯海索的合成

盐酸苯海索（benzhexol hydrochloride）别名安坦，化学名称：α-环己基-α-

---

❶ 甲醇钠：sodium methoxide。甲醇钠产品有两种形式：固体和液体。固体是甲醇钠纯品，液体是甲醇钠的甲醇溶液，甲醇钠含量 27.5%～31%。对氧气敏感，易燃，易爆。极易吸潮。有强烈的刺激性，极强的腐蚀性。

❷ 甲醇务必充分除净，否则影响收率。

❸ 甲氧基乙酸甲酯：methoxyacetic acid methyl ester。无色透明液体。易溶于乙醇和乙醚，溶于丙酮，微溶于水。沸点 131℃，ρ=1.0511g/mL。医药合成的中间体，主要用来合成周效磺胺、维生素 B_6 等。

❹ 氰乙酰胺：cyanoacetamide。白色或浅黄色针状结晶或粉末。熔点 118～122℃。有毒，加料时可在通风橱中进行操作。微溶于水，易溶于乙醇。用于有机合成，制丙二腈、染料及电镀液中间体。

❺ 酸化时 pH 值必须严格控制，否则影响成品质量和收率。

苯基-1-哌啶丙醇盐酸盐。本品为抗帕金森病药，其中枢性抗胆碱作用的选择性较高，过去曾作为治疗震颤麻痹的主要药物，目前则为左旋多巴的辅助治疗剂或单独应用于病情较轻或不能耐受左旋多巴的患者。本品也可控制抗精神病药物（如吩噻嗪类、丁酰苯类）所引起的锥体外系反应。盐酸苯海索大多以苯乙酮为原料和甲醛、哌啶盐酸盐进行曼尼希（Mannich）反应制得 β-哌啶基苯丙酮盐酸盐中间体，再与氯代环己烷、金属镁作用制备的格氏（Grignard）试剂反应，得到目标产品。

【反应式】

O + H—(C(=O))$_n$—H + NH · HCl —HCl / C_2H_5OH→ N · HCl

(Ⅰ) (Ⅱ)

Cl —Mg, I_2 / $(CH_3CH_2)_2O$→ MgCl —(1) N · HCl (2) H^+/H_2O→ N OH · HCl

(Ⅲ)

【主要试剂】

哌啶（17.4mL，0.18mol），95%乙醇，浓盐酸，苯乙酮（8.8mL，0.08mol），多聚甲醛（3.8g，0.125mol），氯代环己烷（11.24g，0.09mol），镁屑（2.05g，0.09mol），碘（少量），无水乙醚，活性炭。

【实验步骤】

1. 哌啶盐酸盐（Ⅰ）的制备

在附有磁力加热搅拌器、滴液漏斗、回流冷凝管（上端附有氯化氢气体吸收装置）的 250mL 三口烧瓶中加入 17.4mL 哌啶[1]、30mL 95%乙醇，搅拌下加入浓盐酸约 16mL，慢慢滴加，至反应液 pH 为 2 左右。然后减压蒸去乙醇和水至反应物呈糊状[2]，停止蒸馏，冷却到室温，抽滤，滤饼于 60℃干燥，得白色结晶约 10g，熔点 240℃以上。

[1] 哌啶（piperidine），又称六氢吡啶（hexahydropyridine）。$\rho=0.8606g/mL$。无色液体，有像胡椒的气味，溶于水、乙醇和乙醚，一种有机强碱，与无机酸作用生成盐，主要是盐酸哌啶（棱柱状晶体，熔点 247℃）和硝酸哌啶（片状晶体，熔点 110℃）。

[2] 蒸馏至稀糊状为宜，太稀产物损失大，太稠冷却后结成硬块，不宜转移抽滤。

2. β-哌啶苯丙酮盐酸盐(Ⅱ)的制备

在附有磁力加热搅拌器、温度计、回流冷凝管的250mL三口烧瓶中依次加入8.8mL苯乙酮、18mL 95%乙醇、9.1g哌啶盐酸盐及3.8g多聚甲醛和浓盐酸0.25mL，搅匀后，加热至80～85℃回流搅拌约3h（反应结束时，反应液中不应有多聚甲醛颗粒存在）❶。反应毕，冰水浴冷却，减压过滤，滤饼用95%乙醇洗涤2～3次，每次约5mL，至洗出液呈近中性。滤饼于60%干燥至恒重，得白色鳞片状结晶12g。熔点195～199℃。

3. 盐酸苯海索(Ⅲ)的制备

在附有磁力加热搅拌器、回流冷凝管（冷凝管上端装有氯化钙干燥管）和滴液漏斗的250mL三口烧瓶中❷，依次加入2.05g镁屑、15mL无水乙醚和碘一小粒，将11.24g氯代环己烷❸与无水乙醚15mL的混合液由滴液漏斗先滴入20～30滴，慢慢搅拌（勿将反应物搅至瓶壁上），缓慢加热（水浴温度不超过40℃）至微沸❹，碘的颜色逐渐退去，反应物呈乳灰色浑浊状，此时表示反应开始，慢慢滴加剩余的氯代环己烷与无水乙醚的混合液，滴加速度以控制正常回流为准。加完后继续搅拌回流30min至镁屑全部消失（表示反应已达终点）。随后用冷水浴冷却反应瓶，搅拌下分三次加入β-哌啶苯丙酮盐酸盐，再搅拌加热回流2h。然后冷却到15℃以下，将反应物极缓慢地加到盛有稀盐酸（11mL浓盐酸和33mL水）的烧杯中❺。继续冷却到5℃以下，析出固体，抽滤，水洗涤至近中性，得粗品。以1.5倍质量粗品的95%乙醇加热溶解，加粗品质量的2%～3%活性炭脱色，趁热过滤，滤液冷却到10℃以下，析出结晶，过滤，用极少量乙醇洗涤产品，60℃干燥，得白色结晶，熔点250℃（分解）。

【思考题】

1. 解释本实验中所涉及的曼尼希反应和格氏反应机理。

2. 本实验中曼尼希反应后，中间体β-哌啶苯丙酮盐酸盐不洗至中性对实验

---

❶ 反应过程中多聚甲醛逐渐溶解，反应结束后，反应液中不应有多聚甲醛颗粒存在，否则需延长反应时间，使多聚甲醛颗粒消失。

❷ 格氏反应所用仪器及试剂需充分干燥。

❸ 氯代环己烷：见第三章第六节实验二十四氯代环己烷的合成实验。

❹ 本反应中加热装置采用恒温水浴锅，严禁使用明火。

❺ 有机镁化合物遇水即分解放出大量的热并有氢氧化镁沉淀析出，故应在冷却下慢慢加入稀酸中，以免乙醚逃逸，并使氢氧化镁转变为可溶性氯化镁，便于后处理。

结果有何影响？

3. 由中间体 β-哌啶苯丙酮盐酸盐制备盐酸苯海索时应注意哪些问题？

第四节 还原反应

实验十八 葡甲胺合成

葡萄糖甲胺（*N*-methyl-D-glucamine）简称葡甲胺，化学名 1-脱氧-1-(甲氨基)-D-山梨醇或 *N*-甲基葡萄糖。葡甲胺是一种表面活性剂，用于造影剂药物泛影葡胺、胆影葡胺的配制；在生化、医药以及化工领域被作为重要的中间体使用；葡甲胺有良好的解毒功能，多种药物的处方中均作为辅助药物而添加，所以是一个应用广、用量大、极具开发价值的品种。葡甲胺的合成是由葡萄糖与甲胺作用，首先缩合生成 *N*-甲基糖苷（葡亚胺），再氢化还原得到葡甲胺。葡甲胺系葡萄糖经还原胺化的产物，其合成过程中除生成主产物外，还可能生成山梨醇、亚胺和二葡胺等副产物。

【反应式】

CHO / H—OH / HO—H / H—OH / H—OH / CH_2OH + CH_3NH_2 ⟶ HC=NCH_3 / H—OH / HO—H / H—OH / H—OH / CH_2OH $\xrightarrow[\text{雷尼镍 (Raney-Ni)}]{H_2}$ H_2C—N(H)—CH_3 / H—OH / HO—H / H—OH / H—OH / CH_2OH

【主要试剂】

镍铝合金（50g），氢氧化钠（50g），95%乙醇，甲胺水溶液（500g），0.1mol/L HCl，0.1mol/L NaOH，酚酞指示剂，葡萄糖（6g，0.033mol），EDTA（0.5g，0.002mol）。

【实验步骤】

1. 雷尼镍的制备

在800mL烧杯中加水200mL，开动搅拌，加入50g氢氧化钠使溶解。利用溶解热，在50～85℃间分次加入镍铝合金50g，45min加完[1]，于85～100℃保温0.5h。然后用常水洗到pH=7。再依次用蒸馏水（150mL×2）和95%乙醇（50mL×3）洗涤。检查活性（用刮刀取活性镍少许置于滤纸上，干后应自燃）。最后浸没于乙醇中，密闭，避光保存。

2. 甲胺醇溶液的制备

在圆底烧瓶中投入甲胺[2]水溶液500g，缓缓加热使甲胺蒸发，甲胺气体通过回流冷凝器顶端，导入装有固体氢氧化钠的干燥塔干燥后进入装有乙醇的吸收瓶。当蒸发瓶内温度上升至92℃时，停止蒸发，取样分析，吸收瓶中甲胺含量应在15%以上。若含量不足就继续通甲胺，浓度过高，要加入计算量的乙醇稀释到15%。

甲胺含量测定：精密吸取甲胺醇溶液1mL，置于100mL容量瓶中。加水至100mL刻度摇匀。吸取20mL加入盛有40mL 0.1mol/L HCl溶液的锥形瓶中，加酚酞指示剂数滴，用0.1mol/L NaOH溶液滴定到显红色不褪色为止。

$$含量/\% = \frac{c_{HCl} \times V_{HCl} - c_{NaOH} \times V_{NaOH} \times 0.03106}{1 \times \frac{20}{100}}$$

3. 葡甲胺的制备

在高压反应釜中投入6g葡萄糖[3]、自制的15%甲胺醇溶液29g及自制的雷尼镍1.3g。加毕用少量乙醇冲洗附着在釜壁上的雷尼镍。仔细地盖上釜盖，逐

---

[1] 雷尼镍的制备反应很剧烈，所以镍铝合金应分批少量加入，加快会溢料。

[2] 甲胺：methylamine。ρ=0.699g/mL（−11℃）。无色气体，有氨的气味。易溶于水，溶于乙醇、乙醚。易燃烧，与空气形成爆炸性混合物，使用时周围场地应远离火源。

[3] 葡萄糖：glucose。ρ=1.544g/mL。熔点146℃（分解）。无色或白色结晶粉末，无臭。溶于水，稍溶于乙醇，不溶于乙醚和芳香烃。在水溶液中结晶时，带有一分子结晶水，熔点83℃。具有还原性和右旋性。

步对称地上紧螺帽。按规定的顺序排除釜内的空气后❶，通氢气使釜内压力达1.5MPa，开始搅拌。等待搅拌正常后，开始加热，使内温保持68℃±2℃进行反应。当釜内压力降至1.0MPa时，补充氢气到1.5MPa，直至不再消耗氢气为止，约需反应6h。冷至室温后，打开排气阀排尽釜内残余氢气，出料于小烧杯中滤去催化剂❷，滤液在5℃以下冷却结晶、抽滤，得葡甲胺粗品。将葡甲胺粗品放入250mL圆底烧瓶中，加入约为粗品6～8倍量的蒸馏水，少量活性炭，再加入含有0.5g EDTA ❸的水溶液，加热回流40min。过滤，滤液缓慢倒入搅动的乙醇中。在5℃下进行冷却结晶。抽滤，烘干得葡甲胺❹约3g，收率46.15%，熔点128～131℃（红外谱图见图3-3）。

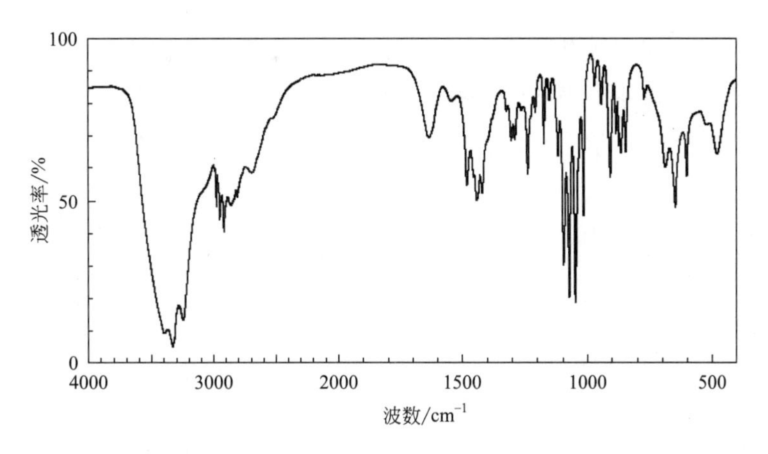

图3-3　葡甲胺的红外光谱图（KBr压片）

【思考题】

1. 葡甲胺的制备中保持在68℃±2℃进行反应，若温度过高或过低对反应有何影响？

---

❶ 高压氢化釜要控制好压力。排除空气的操作步骤如下。先通入氢气（0.3MPa），关闭进气阀，检查是否漏气。若漏气，应在解除压力后采取相应措施（如上紧螺栓、换垫圈、重装不合适的部件等），然后打开排气阀排气。排完后关上排气阀，再进行上述操作通氮气3次。最后通入氢气（1.5MPa），关闭所有阀，进行反应。

❷ 反应后的镍催化剂仍有相当的活性，过滤时，切勿滤干！以防催化剂燃烧！并立即以少量乙醇洗涤两次，然后将潮湿的催化剂滤渣连同滤纸移入盛有乙醇的烧杯中回收。

❸ EDTA：乙二胺四乙酸，ethylene diamine-*N*,*N*-tertraacetic acid。熔点240℃（分解）。无臭无味、无色结晶性固体。不溶于冷水和普通有机溶剂，微溶于热水。

❹ 葡甲胺：白色结晶性粉末；几乎无臭，味微甜，带咸涩。水中易溶，在乙醇中略溶，在氯仿中几乎不溶。熔点128～131℃。

2. 通氢气的作用是什么？氢气压力大小对反应有影响吗？

3. 雷尼镍制备完成后为什么要浸没于乙醇中密闭避光保存？

实验十九 盐酸普鲁卡因的合成

盐酸普鲁卡因（procaine hydrochloride），别名奴佛卡因，化学名称为4-氨基苯甲酸-2-(二乙氨基)乙酯盐酸盐。盐酸普鲁卡因为常用的局部麻醉药，麻醉作用强，毒性低，广泛用于浸润、脊椎、传导麻醉，也可用于封闭疗法。盐酸普鲁卡因早期的合成方法有酰氯化法、氯代乙酯法、苯佐卡因法，以上方法均不适合实验室制备。目前主要采用直接酯化法，即以对硝基苯甲酸经催化酯化成硝基卡因（对硝基苯甲酸-β-二乙氨基乙醇酯），然后再经铁粉还原、酸化成盐制得本品。

【反应式】

$$p\text{-}O_2N\text{-}C_6H_4\text{-}COOH \xrightarrow{(C_2H_5)_2NCH_2CH_2OH} \underset{(\text{I})}{p\text{-}O_2N\text{-}C_6H_4\text{-}COOCH_2CH_2N(C_2H_5)_2} \xrightarrow[(2)\ HCl]{(1)\ Fe} \underset{(\text{II})}{p\text{-}H_2N\text{-}C_6H_4\text{-}COOCH_2CH_2N(C_2H_5)_2 \cdot HCl}$$

【主要试剂】

对硝基苯甲酸（19g，0.11mol），二甲苯（120mL），β-二乙氨基乙醇（13g，0.11mol），甲酸（20mL），饱和碳酸钠溶液，盐酸，铁粉（44g），饱和硫化钠。

【实验步骤】

1. 硝基卡因（对硝基苯甲酸-β-二乙胺基乙醇酯，Ⅰ）的制备

在附有温度计、分水器[1]及冷凝器的250mL三口烧瓶中加入19g对硝基苯

---

[1] 酸与醇脱水生成酯的反应是一个可逆反应。利用分水器能在二甲苯与水形成共沸时将水分除去以打破平衡，使酯化反应更完全。反应所涉及的原料、试剂、仪器需干燥。

甲酸、120mL 二甲苯[1]、20mL 甲酸[2]，于搅拌下加入 13g β-二乙氨基乙醇。先在 110～120℃反应 30min，继续搅拌，升温至 145℃保温反应 3h。反应结束后，放置过夜，析出固体，抽滤，固体以 3%盐酸 100mL 溶解，过滤[3]，滤液以饱和碳酸钠溶液调节 pH 至 4.0。

2. 盐酸普鲁卡因（Ⅱ）的制备

在 250mL 三口烧瓶加入上述反应所得硝基卡因滤液，充分搅拌下于 25℃分次加入 44g 铁粉[4]，加毕，使反应温度慢慢上升，水浴加热，保持 40～45℃反应 2h。抽滤，滤渣用少量水洗涤两次，洗液合并于滤液中，以 10%盐酸酸化至 pH5，再用饱和硫化钠溶液调节至 pH8，以将反应中的铁盐沉淀除尽，过滤，滤渣用少量水洗涤两次，合并洗液与滤液，以 10%盐酸酸化至 pH5，加活性炭 0.5g[5]，于 50～60℃保温 10min。趁热过滤，滤渣用少量水洗涤一次，合并洗液与滤液，放冷至室温，再用冰浴冷至 10℃以下，反应液用饱和碳酸钠溶液碱化至pH9.5 析出结晶，过滤，尽量抽干。将固体（普鲁卡因）在 50℃进行干燥。将普鲁卡因称重，移至 50mL 烧杯中[6]，冰浴冷却，缓慢滴加浓盐酸至 pH5.5[7]，水浴加热至 50℃，加氯化钠至饱和，继续升温至 60℃，加保险粉（普鲁卡因投料量的 1%）[8]，在 65～70℃时趁热过滤，滤液移至锥形瓶中，冷却结晶，待晶体完全析出，过滤，抽干，得盐酸普鲁卡因粗品，干燥，称量。粗品可用蒸馏水重结晶得盐酸普鲁卡因[9]纯品。红外谱图见图 3-4。

【思考题】

1. 根据普鲁卡因化学结构讨论其化学稳定性。

---

[1] 二甲苯有毒，操作时可在通风橱中进行。

[2] 甲酸酸性很强，有腐蚀性能，能刺激皮肤起泡，使用时应细心操作。

[3] 在稀盐酸作用下对硝基苯甲酸析出后过滤，未反应完全的原料对硝基苯甲酸须除尽，否则影响产品质量。

[4] 还原时，铁粉须分次加入，以免反应剧烈而冲料。注意反应液的变化，如反应液不转成棕黑色，表示反应尚未完成，可补加适量铁粉，使反应完全。

[5] 多余的铁粉用硫化钠除去；多余的硫化钠加酸使其成胶体硫桥，再加活性炭过滤除去。

[6] 盐酸普鲁卡因水溶性很大，所用仪器必须干燥，用水量应严格控制，否则影响收率。

[7] 严格控制 pH 至 5.5，以免芳氨基成盐；普鲁卡因结构中有两个碱性中心，成盐时必须控制盐酸的用量至 pH5.5，以便形成单盐形式。

[8] 保险粉为强还原剂，可防止芳氨基氧化，并可除去有色杂质。

[9] 盐酸普鲁卡因：白色结晶或结晶性粉末。熔点 154～157℃。无臭，味微苦，有麻痹感。易溶于水，略溶于乙醇，微溶于氯仿，几乎不溶于乙醚，其水溶液久贮、曝光或受热后易分解失效。

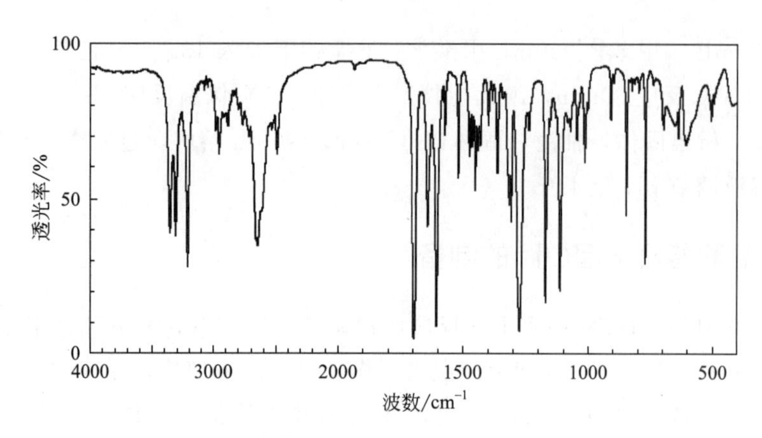

图 3-4　盐酸普鲁卡因红外光谱图（KBr 压片）

2. 影响酯化反应速率的因素有哪些？本实验中采取促进反应进行的方法有哪些？

实验二十 来那度胺的合成

来那度胺（lenalidomide），化学名 3-(4-氨基-1-氧代-1,3-二氢-1*H*-异吲哚-2-基）哌啶-2,6-二酮，是由美国细胞基因公司研发的新型免疫抑制剂，用于治疗 5q 缺失的骨髓增生异常综合征（MDS）亚型及多发性骨髓瘤，该药于 2006 年 1 月获 FDA 批准上市。现有生产工艺一般以 3-(4-硝基-1-氧代-1,3-二氢-1*H*-异吲哚-2-基）哌啶-2,6-二酮为起始物料，通过钯碳氢气还原制备，为了提高反应的安全性，本实验采用钯碳甲酸铵进行还原，该方法极大地提高了放大生产的安全性，具有较好的推广价值。

【反应式】

$$\xrightarrow[CH_3OH]{Pd/C\text{-}HCOONH_4}$$

【主要试剂】

3-(4-硝基-1-氧代-1,3-二氢-1*H*-异吲哚-2-基）哌啶-2,6-二酮（2.9g，0.01mol），甲酸铵（3.8g，0.06mol），10%钯碳（Pd/C），DMF，甲醇，纯化水。

【实验步骤】

将 50mL 甲醇加入三口瓶中，搅拌条件下加入 3-(4-硝基-1-氧代-1,3-二氢-1*H*-异吲哚-2-基）哌啶-2,6-二酮[1] 2.9g、甲酸铵 3.8g、Pd/C 0.45g。升温到(40±5)℃反应，1h 后开始 TLC 检测[2]反应，直至原料反应结束。降温到（20±5)℃，过滤，滤饼用 50mL 甲醇洗涤。将滤饼加入 50mL 的 DMF 中，60℃搅拌溶解，过滤，向滤液中加入 100mL 纯化水，搅拌析晶 2h。抽滤[3]，(70±5)℃干燥 2h，称重，计算收率。

【光谱数据】

^{1}H NMR（CD_3SOCD_3）：δ=10.98（s，1H，CONHCO），7.20（t，J=7.6Hz，1H，Ph-H），6.93（d，J=7.3Hz，1H Ph-H），6.81（d，J=7.8Hz，1H，Ph-H），5.40（s，2H，NH_2），5.11（dd，J_1=13.1，J_2=16.9Hz，1H，NCHCO），4.17（dd，J_1=47.1Hz，J_1=16.9Hz，2H，$PhCH_2$），2.93、2.62（m，2H，CH_2CONH），2.62（d，1H，CH_2CONH），2.35～1.96（m，1H，CH_2CH_2CONH）。

【思考题】

1. 本实验中甲酸铵、钯碳还原硝基的反应机理是什么？
2. 硝基还原的方法还有哪些？各自有什么优缺点？

第五节 / 氧化反应

实验二十一 青霉素 G 钾盐的氧化

7-氨基脱乙酰氧基头孢烷酸（7-ADCA）是合成头孢菌素类抗生素的主要中

---

[1] 本实验用 3-(4-硝基-1-氧代-1,3-二氢-1*H*-异吲哚-2-基）哌啶-2,6-二酮为原料，经一步还原步骤得到来那度胺原料药。原料为白色结晶粉末，易溶于 DMF 和热甲醇中，在二氯甲烷、丙酮、乙酸乙酯中均不溶。

[2] TLC 检测展开剂为二氯甲烷：甲醇=10：1。

[3] 钯碳抽滤时要保持一定湿度，不能抽太干，避免着火。

间体，一般以青霉素G钾盐（benzylpenicillin patassium）为原料，经氧化、扩环重排、裂解反应制得。其中青霉素G钾盐的氧化是一步重要的工序，常用的氧化剂有：高碘酸及其钠盐、臭氧、过氧化氢、间氯过苯甲酸、单过氧邻苯二甲酸、过氧乙酸等。从工业化和经济的角度考虑，过氧化氢及过氧乙酸为首选试剂，但是处理过氧乙酸有一定的危险性，选择过氧化氢作为氧化剂有很大的实用价值，安全、经济、对环境的污染小。本实验选用过氧化氢氧化青霉素G钾盐。

【反应式】

(1) HCl, H_2O_2

(2) H_2SO_4

【主要试剂】

50%过氧化氢，青霉素G钾盐（7.5g，0.02mol），浓硫酸，盐酸。

【实验步骤】

将7.5g青霉素G钾盐[1]溶解于7mL的水中[2]，用稀盐酸（0.5mol/L）调节至pH=5，冷却至0～5℃，缓慢滴加2g 50% H_2O_2，继续在0～5℃反应，用TLC点板跟踪［展开剂为苯-丙酮-醋酸（4∶4∶0.1）］。反应结束后，缓慢滴加1mol/L硫酸[3]，当反应液变为白色浑浊后用稀硫酸（0.1mol/L）调节至pH=2，低温静置，过滤，将滤饼用冰水洗涤至淀粉-KI试纸不显色，真空干燥，得青霉素G亚砜[4]固体，测定熔点并计算收率。

【思考题】

1. 青霉素G钾盐有哪些临床用途？

2. 青霉素G钾盐氧化成青霉素G亚砜的制备过程中，后处理应注意哪些事项？

3. 从化学结构解释青霉素G稳定性较差的原因。

---

[1] 青霉素G钾盐：化学名3,3-二甲基-7-氧代-6-(2-苯基乙酰氨基)-4-硫-1-氮杂双环［3.2.0］庚烷-2-羧酸钾盐。白色结晶性粉末，有吸潮性，无臭，遇酸、碱或氧化剂等即失效，易溶于水，水溶液置室温存放易失效。

[2] 溶解青霉素G钾盐的水不能过多，否则会稀释50%双氧水从而影响反应速度。

[3] 反应结束后加酸的速度要慢，而且酸浓度不能高，否则后期难以过滤和洗涤。

[4] 青霉素G亚砜：penicillinsulfoxid。白色粉末状固体。熔点162～164℃。稳定性差，应避免长时间暴露在空气中。

实验二十二 葡萄糖酸钙的合成

葡萄糖酸钙（calcium gluconate），本品为葡萄糖酸钙一水合物，为补钙药。临床用于低血钙搐搦症，也可用于急性湿疹、皮炎、荨麻疹等止痒。葡萄糖酸钙可用来解救由枸橼酸钠过量引起的血钙降低及镁盐中毒。其含钙量较氯化钙低，对组织刺激性较小，较氯化钙安全。葡萄糖酸钙的生产方法有电解法、溴化法、发酵法、酶水解、金属催化法，工业上多采用发酵法和金属催化法，本方法中采用适合实验室的溴水氧化法制备目标产品。

【反应式】

$$C_6H_{12}O_6 \xrightarrow{\text{溴水氧化}} C_6H_{12}O_7 \xrightarrow{CaCO_3} (C_6H_{11}O_7)_2Ca \cdot H_2O$$

【主要试剂】

葡萄糖（3.2g，0.018mol），去离子水（10mL），1%溴水，碳酸钙（1.65g，0.017mol），乙醇。

【实验步骤】

于100mL三口烧瓶中加入3.2g葡萄糖❶，再加入10mL去离子水使其溶解，水浴加热至50～60℃，搅拌下用滴管从三口烧瓶侧口逐滴加入1%溴水❷，待溶液褪色后再加入第2滴，直到溶液为微黄色为止，在70℃温度下保温10min。将1.65g碳酸钙缓慢加入上述溶液中，水浴加热，慢慢地搅拌至无气泡生成。如有固体物可趁热过滤除去，待反应液冷却后，加入等体积的乙醇，减压蒸馏后残留物过滤，用40%乙醇水溶液洗涤滤饼至经检查无Br^-为止，然后再用8mL 40%乙醇水溶液将滤饼制备成悬浮液，常压过滤，产品用滤纸压干，置于表面皿上，80℃左右干燥得葡萄糖酸钙❸，称量，计算收率。红外谱图见图3-5。

---

❶ 葡萄糖：glucose。熔点146℃（分解）。无色或白色结晶粉末，无臭，溶于水，稍溶于乙醇，不溶于乙醚和芳香烃，在水溶液中结晶时，带有一分子结晶水，熔点83℃。具有还原性和右旋性。

❷ 溴水具有较强的腐蚀性，操作时避免碰触，避免吸入溴蒸气，最好在通风橱下操作。

❸ 葡萄糖酸钙：白色颗粒状粉末，熔点201℃，无臭、无味。溶于冷水，易溶于沸水，不溶于无水乙醇、乙醚或氯仿，在空气中稳定。

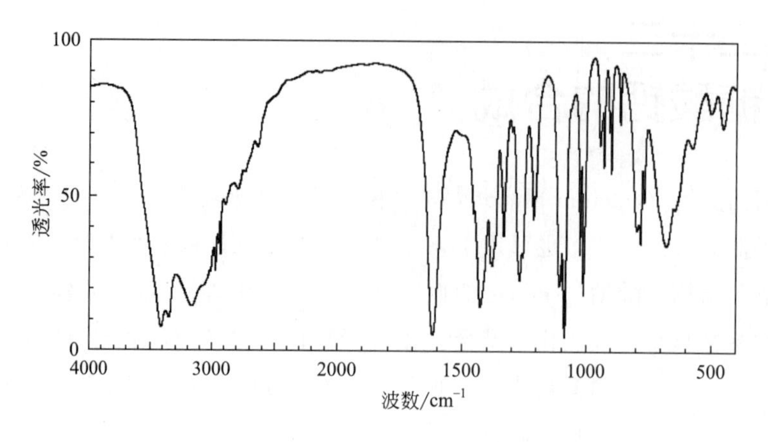

图 3-5　葡萄糖酸钙红外光谱图（KBr 压片）

【思考题】

1. 溴水在本实验中起何作用？还可用其他哪些试剂代替溴水？请设计操作流程。

2. 反应结束冷却后加乙醇的作用是什么？

实验二十三 维生素 K_3 的合成

维生素 K_3（Vitamin K_3）目前通常是 2-甲基-1,4-萘醌和 β-甲萘醌亚硫酸氢钠（即本实验中最终产品）的通称。2-甲基-1,4-萘醌（2-methyl-1,4-naphthoquinone，2-MNQ）是最早使用的维生素 K_3，因其活性高、不易吸收、稳定性差等缺点而在临床上使用其与亚硫酸氢钠的加成产物，即 β-甲萘醌亚硫酸氢钠。维生素 K_3 是一种良好的止血药，常用于低凝血酶原血症，双香豆素和水杨酸钠药物过量等所引起的出血，广谱抗生素所引起的继发性维生素 K 缺乏症。近年来发现本品尚有解痉镇痛作用，此外还可用于饲料添加剂、植物生长调节剂、促进剂、除草剂等。维生素 K_3 不同的制备路线主要是体现在 2-甲基-1,4-萘醌（即 β-甲基醌）合成中使用的催化剂不同。本实验中以 β-甲基萘为原料，经铬酸氧化制得 β-甲基萘醌，再经亚硫酸氢钠发生加成反应得到维生素 K_3。

【反应式】

CH_3 $\xrightarrow[H_2SO_4]{Na_2Cr_2O_7}$ O CH_3 O (Ⅰ) $\xrightarrow[C_2H_5OH]{NaHSO_3}$ O CH_3 $SO_3Na \cdot 3H_2O$ O (Ⅱ)

【主要试剂】

β-甲基萘（14g，0.10mol），重铬酸钠（70g，0.25mol），浓硫酸（46mL），丙酮，亚硫酸氢钠（9.2g，0.05mol），95%乙醇。

【实验步骤】

1. β-甲基萘醌（Ⅰ）的制备

向装有温度计、回流冷凝管和恒压滴液漏斗的250mL三口烧瓶中加入14g β-甲基萘、36mL丙酮，搅拌至溶解。将70g重铬酸钠溶于105mL水中，与46mL浓硫酸混合后[1]，于38～40℃慢慢滴加至反应瓶中，加毕，于40℃反应30min，然后将水浴温度升至60℃反应1h。趁热将反应物倒入大量冰水中，使甲基萘醌完全析出，过滤，结晶，用水洗三次，压紧，干燥得甲基醌产品。

2. 维生素 K_3（Ⅱ）的制备

向装有温度计、回流冷凝管的100mL三口烧瓶中加入5.2g甲基醌、亚硫酸氢钠8.7g（溶于13mL水中[2]），于水浴38～40℃搅拌均匀。再加入22mL 95%乙醇[3]，搅拌30min，冷却至10℃以使结晶析出，过滤，结晶用少许冷乙醇洗涤，抽干，得维生素 K_3 粗品。将粗品放入锥形瓶中加4倍量95%乙醇及0.5g亚硫酸氢钠，在70℃以下溶解，加入粗品量1.5%的活性炭。水浴68～70℃保温脱色15min，趁热过滤，滤液冷至10℃以下，析出结晶，过滤，结晶用少量

---

[1] 混合氧化剂时应注意正确的操作顺序：须将浓硫酸缓慢加入重铬酸钠水溶液中。同时要注意个人防护，从事铬酸和铬酸盐操作时必须戴手套，充分洗手。皮肤接触铬酸或铬酸盐，应立即用清水洗创面。吸入量大时，迅速转移到空气新鲜处，保持呼吸道畅通给氧。

[2] 增加水的用量有利于反应的进行，但水量过大时，导致产品收率降低。

[3] 乙醇的加入，可增加甲萘醌的溶解度，以利反应进行。

冷乙醇洗涤，抽干，干燥，得维生素 K_3[1]纯品。

【思考题】

1. 氧化反应中为何要控制反应温度？温度高了对产品有何影响？

2. 氧化反应中应注意哪些安全问题？

3. 本实验中硫酸与重铬酸钠属哪种类型的氧化剂？药物合成中常用的氧化剂有哪些？

4. 利用学习过的药物化学知识说明亚硫酸氢钠加成物在药物结构修饰中起哪些作用？

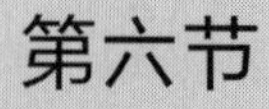

第六节 卤化反应

实验二十四 氯代环己烷的合成

氯代环己烷（cyclohexyl chloride）又称环己基氯，是合成医药和农药等的重要中间体，如可以作为合成医药盐酸苯海索、农药三环锡、橡胶防焦剂CTP的原料，用于聚氨酯发泡催化剂、防锈剂及香料的制造，同时也是一种耗氯产品。卤代烃可以通过醇和氯化亚砜或浓盐酸在氯化锌等催化剂存在下制备。

【反应式】

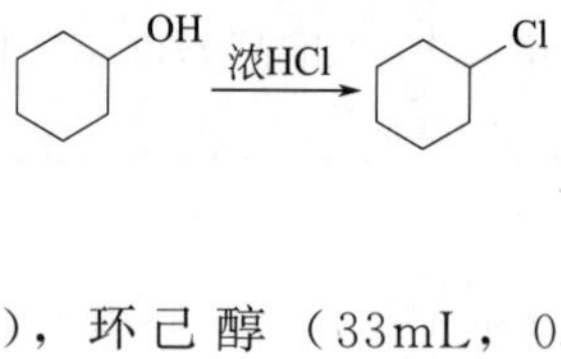

$$C_6H_{11}OH \xrightarrow{\text{浓HCl}} C_6H_{11}Cl$$

【主要试剂】

浓盐酸（85mL，1mol），环己醇（33mL，0.3mol），饱和氯化钠溶液

---

[1] 维生素 K_3：β-甲萘醌亚硫酸氢钠的熔点是105～107℃。白色结晶性粉末。有特殊刺激气味。易溶于水，溶于乙醇、苯、氯仿、四氯化碳和植物油。在空气中稳定，遇光易分解变质。

(20mL)，饱和碳酸氢钠溶液（10mL)，无水氯化钙。

【实验步骤】

在装有温度计、回流冷凝器（需连接气体吸收装置）❶的150mL三口烧瓶中加入33mL环己醇和85mL浓盐酸❷，搅拌混匀，升温，保持反应平稳地回流3～4h❸。反应结束后，冷至室温，静置分层，弃去酸水相，有机相依次用饱和氯化钠溶液10mL、饱和碳酸氢钠溶液10mL❹、饱和氯化钠溶液10mL洗涤。经无水氯化钙干燥后用精密分馏柱分馏，收集138℃以上的馏分，得氯代环己烷❺无色液体。

【光谱数据】

IR（KBr，cm^{-1}）：2980～2850、1475～1425（ν—CH_2—），1375～1300（νC—H），775～675（νC—Cl）。

【思考题】

1. 请解释本实验的反应原理。实验中可能产生什么副反应？
2. 反应开始时回流温度过高对反应有何影响？
3. 若在反应中加无水$CaCl_2$，除有催化作用外还有什么作用？

实验二十五 贝诺酯的合成

贝诺酯（benorilate），别名扑炎痛、对乙酰氨基酚乙酰水杨酸酯、贝敏伪麻等，化学名称为4-乙酰胺苯基乙酰水杨酸酯。本品为对乙酰氨基酚与阿司匹林的酯化产物，是新型抗炎、解热、镇痛药。该药具有对胃刺激小、毒性低和作用时间长等特点，广泛用于临床。阿司匹林的羧基和对乙酰氨基酚的酚羟基先分别制成酰氯和酚钠，再缩合成酯。

---

❶ 反应中有氯化氢气体逸出，需在回流冷凝管顶端连接气体吸收装置。

❷ 为加速反应，也可加入无水$ZnCl_2$或$CaCl_2$催化。

❸ 回流不能太剧烈，以防氯化氢逸出太多。开始回流温度在85℃左右为宜，最后温度不超过108℃。

❹ 洗涤时不要剧烈振摇，以防乳化。用饱和碳酸氢钠溶液洗至pH为7～8即可。

❺ 无色液体，有窒息性气味。熔点－43.9℃。沸点143℃。ρ=1.000g/mL（20/4℃）。不溶于水，易溶于氯仿，能与乙醇、乙醚、丙酮和苯混溶。

【反应式】

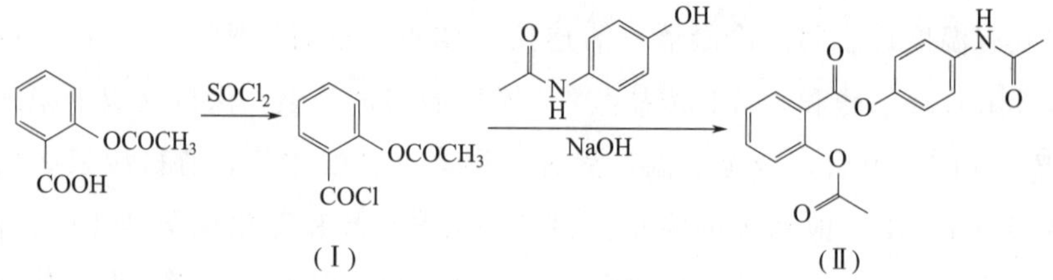

OCOCH$_3$ COOH $\xrightarrow{SOCl_2}$ OCOCH$_3$ COCl (Ⅰ) $\xrightarrow{NaOH}$ (Ⅱ)

【主要试剂】

阿司匹林（10.5g，0.06mol），氯化亚砜（10.5g，0.09mol），无水吡啶，对乙酰氨基酚（10g，0.07mol），20%氢氧化钠溶液，丙酮。

【实验步骤】

1. 乙酰水杨酰氯（Ⅰ）的制备

在 100mL 干燥❶的圆底瓶中依次加入阿司匹林 10.5g，氯化亚砜 10.5g，无水吡啶 2 滴❷，装上球形冷凝管和氯化氢气体吸收装置❸，搅拌，缓缓升温至 75℃❹，反应物回流，继续保温 1h 左右，至无尾气放出后改成蒸馏装置，减压蒸去多余的氯化亚砜，稍冷至 40℃以下，加入约残留物一半量的丙酮于残留物中，加盖防潮备用。

2. 贝诺酯（Ⅱ）的制备

在装有温度计、恒压滴液漏斗的 250mL 反应瓶中，加入对乙酰氨基酚 10g，水 60mL，均匀搅拌，冰浴冷至 10℃以下，慢慢滴加 20%氢氧化钠溶液至反应液 pH10～11，再缓慢滴加前步所得乙酰水杨酰氯的丙酮溶液（约 0.5h 滴毕），温度始终维持在 10～15℃❺、pH 为 10～11 以上，滴完后复测 pH 应为 10，若 pH 低于 10，可再滴加氢氧化钠液调节，继续搅拌反应 2h，过滤，先抽干母液，用刮刀轻轻松动布氏漏斗中粗品，以水 10mL 浸湿粗品，减压抽干，如此重复三次，水洗至中性，得粗品。用粗品 6 倍量的 95%乙醇将粗品进行精制得白色结晶，熔点 177～181℃。红外谱图如图 3-6 所示。

---

❶ 酰氯化反应所用仪器必须干燥，否则氯化亚砜和乙酰水杨酰氯均易水解。

❷ 酰氯化时催化剂（吡啶）用量不可过多，否则产品颜色变深。

❸ 反应中放出的 SO_2 和 HCl 刺激呼吸道。

❹ 酰氯化反应时温度不可超过 80℃。

❺ 缩合酯化时，温度控制在 10℃为宜。

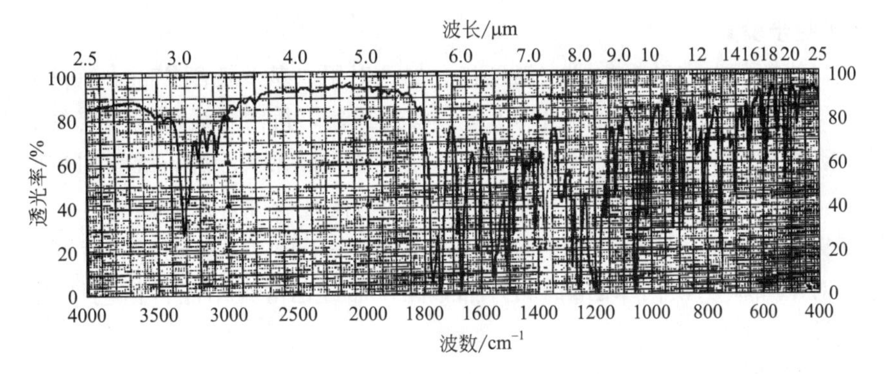

图 3-6　贝诺酯红外光谱图（KBr 压片）

【思考题】

1. 酰氯化反应与酯化反应在操作上应注意哪些问题？
2. 本实验酯化反应为何需 pH 为 10 以上？试估计约需多少氢氧化钠。
3. 试述酯化结构修饰的意义。

实验二十六 对甲氧基-α-溴代苯乙酮的合成

雷洛昔芬（raloxifene）是由美国礼来（Eli Lilly）公司开发的选择性雌激素受体调节剂，后广泛应用于预防和治疗妇女绝经后骨质疏松，也用于乳腺癌、子宫纤维肌瘤、冠状动脉硬化、血栓等疾病的治疗。而对甲氧基-α-溴代苯乙酮是合成雌激素类药物雷洛昔芬（raloxifene）的主要中间体，其合成方法目前主要以对甲氧基苯乙酮为原料，在不同溶剂中进行溴化得到：在醋酸中用溴的醋酸溶液溴化制得；于氯仿和乙酸乙酯混合溶剂中，采用溴化铜替代液溴作为溴化剂。由于液溴具有强烈刺激性，存在污染环境和腐蚀设备等不安全因素，在本实验中，采用溴化铜替代液溴作为溴化剂，在氯仿和乙酸乙酯混合溶剂中合成对甲氧基-α-溴代苯乙酮。

【反应式】

$$COCH_3-C_6H_4-OCH_3 + 2CuBr_2 \xrightarrow[61\sim64℃]{氯仿,乙酸乙酯} COCH_3-C_6H_4-OCH_2Br + 2CuBr\downarrow + HBr$$

【主要试剂】

对甲氧基苯乙酮（7.5g，0.05mol），体积比为 1∶1 的乙酸乙酯与氯仿混合溶剂 80mL，溴化铜，无水乙醇，无水硫酸镁。

【实验步骤】

三口烧瓶装上电动搅拌器、温度计。加入对甲氧基苯乙酮❶7.5g（0.05mol），加入乙酸乙酯与氯仿混合溶剂80mL，开动搅拌器，待溶解后加入一定量的溴化铜❷，搅拌下水浴加热回流20min后，再加入20mL无水乙醇，继续加热回流一定时间，趁热过滤❸。滤饼用溶剂洗涤，洗液与滤液合并，水洗至中性，分液取下层红棕色有机层，加无水硫酸镁干燥2h，滤去干燥剂，蒸馏回收溶剂，冷却结晶得对甲氧基-α-溴代苯乙酮❹粗产品，粗产品经乙醇重结晶得白色针状晶体。称量，计算产率。

【光谱数据】

IR（KBr，cm^{-1}）：3072（苯环上C—H），1602、1454（苯环骨架），2865（—CH_2—），1704（C═O），680（C—Br）。

【思考题】

1. 本实验中为何使用乙酸乙酯与氯仿混合溶剂？
2. 根据反应式解释溴化铜作为溴化试剂的机理和优点。
3. 对甲氧基苯乙酮和其溴化产物相比较，极性变化如何？

第七节 / 重排反应

实验二十七
红霉素6,9-亚胺醚的合成

阿奇霉素（azithromycin）属于第二代大环内脂类抗生素，其是在红霉素结构上修饰后得到的一种广谱抗生素。最初克罗地亚的普利瓦公司开发了阿奇

---

❶ 对甲氧基苯乙酮是一种白色晶体，有山楂花和类似茴香醛的香气。

❷ 溴化铜是一种极易溶于水的浅灰色或黑色结晶或结晶性粉末。露置空气中逐渐变浅绿色。ρ=4.98g/mL，熔点497℃，沸点1345℃。易溶于水、酸及乙醇和丙酮等有机溶剂。

❸ 反应生成的溴化亚铜可以过滤除去。

❹ 对甲氧基-α-溴代苯乙酮在光照下容易降解，需避免光照。

霉素，美国辉瑞公司于1981年上市销售。阿奇霉素不仅可以抑制其他红霉素衍生物难以对付的细菌，还可以用来治疗艾滋病患者分枝杆菌感染。红霉素6,9-亚胺醚，一般由原料红霉素经肟化反应、贝克曼重排反应制得，因其良好的还原特性而成为合成阿奇霉素的重要中间体。现有生产工艺一般以硫氰酸红霉素为起始物料，经过多步反应，先制得红霉素肟，后进行贝克曼重排反应，最后通过结晶得到红霉素6,9-亚胺醚。为了简化实验步骤，本实验参考文献方法，以硫氰酸红霉素为原料，采用肟化、贝克曼重排反应制得红霉素6,9-亚胺醚。

【反应式】

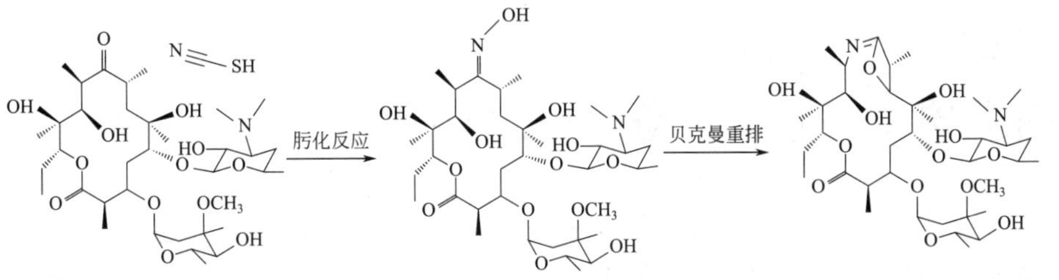

【主要试剂】

硫氰酸红霉素（50g，0.056mol），盐酸羟胺（26.0g，0.374mol），甲基磺酰氯（15.6g，0.136mol），甲醇，丙酮，二氯甲烷，冰醋酸，碳酸氢钠，氢氧化钠，浓度20%的氢氧化钠溶液。

【实验步骤】

在装有电动搅拌器、温度计的250mL三口烧瓶中加入盐酸羟胺26.0g（0.374mol），加入甲醇100mL，搅拌下分别加入氢氧化钠24g（0.600mol）、冰乙酸1.5g（0.024mol），搅拌10min，加入硫氰酸红霉素[1] 50g（0.056mol）。升温至70℃，保温反应48h。保温结束，降温至25℃，滴加20%氢氧化钠溶液，调pH=11.0，保温搅拌30min，滴加蒸馏水30mL减压蒸馏甲醇。蒸馏完毕，物料转入500mL三口瓶中，并加入200mL二氯甲烷、150mL蒸馏水，滴加20%氢氧化钠，调pH=11.5，搅拌10min，静置分层，弃去水层，有机层为红霉素肟[2]的二氯甲烷溶液。将有机层加入碳酸氢钠3.6g（0.043mol），冰盐浴冷

---

[1] 硫氰酸红霉素属大环内酯类抗生素，是红霉素的硫氰酸盐。可以作为兽药，用于革兰氏阳性菌和支原体的感染；更多的作为初始原料用于合成红霉素、罗红霉素、阿奇霉素、克拉霉素等大环内酯类抗生素。

[2] 红霉素肟，白色结晶粉末，易溶于甲醇、二氯甲烷等有机溶剂，熔点138～140℃。本实验也可用红霉素肟商品为原料，可以省去肟化反应步骤。

却至3℃，加入甲基磺酰氯[1]15.6g（0.136mol），保持反应体系温度0～5℃，搅拌反应3h，加入蒸馏水200mL，滴加冰醋酸调节反应液pH＝4.5，搅拌5min，静置分层，水层加入丙酮60mL，滴加20%氢氧化钠，调pH＝11.5，析出白色固体，过滤，50mL水洗涤滤饼，滤饼于80℃烘干10h，即得红霉素6,9-亚胺醚，称重并计算产率。

【思考题】

1. 本实验中肟化反应的机理是什么？
2. 解释磺酰氯催化贝克曼重排反应的机理和特点。
3. 还有哪些试剂可以催化贝克曼重排反应？

实验二十八 四氯邻氨基苯甲酸的合成

四氯邻氨基苯甲酸（tetrachloro anthranilic acid），即α-氨基-3,4,5,6-四氯苯甲酸（2-amino-3,4,5,6-tetrachlorobenzoic acid）。四氯邻氨基苯甲酸具有广泛的用途，除用于制备杀菌剂外，还是合成喹诺酮等药物的原料。四氯邻苯二甲酸单酰胺在溴素和碱性条件下进行霍夫曼（Hoffman）重排后可以制得本品，除此之外，也可采用廉价易得的次氯酸钠作为重排试剂。本实验参考文献方法，以四氯苯酐为原料，氨水中氨解后制得酰胺中间体，继续在次氯酸钠作用下经Hoffman重排反应合成四氯邻氨基苯甲酸。

【反应式】

四氯苯酐（Cl, Cl, Cl, Cl; O, O, O） + $2NH_3$ $\xrightarrow{H_2O}$ 四氯苯（Cl, Cl, Cl, Cl）-$CONH_2$ / $COONH_4$

四氯苯（Cl, Cl, Cl, Cl）-$CONH_2$ / $COONH_4$ $\xrightarrow[NaOH]{NaClO}$ 四氯苯（Cl, Cl, Cl, Cl）-NH_2 / $COONa$ $\xrightarrow{H_2SO_4}$ 四氯苯（Cl, Cl, Cl, Cl）-NH_2 / $COOH$

【主要试剂】

四氯苯酐，20%的硫酸，20%的氨水，10%次氯酸钠，氢氧化钠。

[1] 甲基磺酰氯（CH_3SO_2Cl）常温下为无色或微黄色液体，不溶于水，溶于乙醇、乙醚，可燃，具强腐蚀性、强刺激性。本实验也可以采用对甲苯磺酰氯为催化剂。

【实验步骤】

在 250mL 的三口瓶中加入 28.5g 四氯苯酐❶，搅拌下滴加预先稀释至 20%的氨水❷30mL，搅拌约 30min，使四氯苯酐反应完全。将反应液冷却至 0℃，加入 8g 氢氧化钠和预先冷至 0℃的 10%次氯酸钠❸溶液 80mL，保持温度在 5℃以下。加入 40%氢氧化钠溶液 20mL，升温至 70℃，反应 15min。抽去氨气，冷却下用 20%硫酸中和至溶液 pH 值为 5 左右，抽滤，用少量冷水洗至近中性，抽干后自然风干，称量并计算产率。熔点 182～183℃。用甲苯重结晶后得白色针状结晶，干燥称重，计算收率。熔点 184.2℃。

【思考题】

1. 本实验中苯酐与氨水反应的反应机理是什么？可能的副产物有哪些？
2. 解释 Hoffman 重排反应的机理和特点。
3. 反应完毕用 20%硫酸中和反应溶液的目的是什么？

第八节 / 杂环化及其他反应

实验二十九 1-苯基-3-甲基-5-吡唑啉酮的合成

1-苯基-3-甲基-5-吡唑啉酮（1-phenyl-3-methyl-5-pyrazolone，PMP）是一种重要的药物合成中间体，其吡唑啉环上 C4 位活性亚甲基能进行缩合、取代反应，C4 位或 C5 位能发生酰化反应等，其衍生物具有抗炎、抗菌等广泛的用途。工业上以冰醋酸为原料合成的乙酰乙酰胺中间体与苯肼反应合成 1-苯基-3-甲基-

---

❶ 四氯苯酐为白色结晶或无色棱柱形针状晶体。溶于二氧六环，难溶于醚，不溶于冷水，在热水中分解成四氯苯二甲酸。熔点 254～256℃，沸点 371℃。主要用于医药、农药、染料、颜料等中间体等的合成。

❷ 氨解反应为放热反应，反应速度很快，为防止氨气溢出，温度控制在 20～25℃。

❸ 次氯酸钠的分子式为 NaClO，分子量等于 74.454。次氯酸钠是白色粉末，易溶解于水。商品次氯酸钠是无色或带淡黄色的液体，俗称漂白水。需放在避光、阴凉处，务必使之不受强烈日光曝晒。搬运时小心轻放，不得与性质相抵触的物品混放在一起。因其稳定性差，不宜久贮。

5-吡唑啉酮。近来有研究乙酸乙酯通过 Claisen 缩合反应合成 3-丁酮酸乙酯，最后与苯肼环化、脱醇合成 1-苯基-3-甲基-5-吡唑啉酮。本实验以苯肼和乙酰乙酸乙酯为原料合成 1-苯基-3-甲基-5-吡唑啉酮。

【反应式】

$$C_6H_5NHNH_2 + CH_3COCH_2COOC_2H_5 \xrightarrow{C_2H_5OH} \text{1-苯基-3-甲基-5-吡唑啉酮} + C_2H_5OH + H_2O$$

【主要试剂】

乙酰乙酸乙酯（20mL，0.157mol），苯肼（16.2g，0.157mol），无水乙醇（50mL）。

【实验步骤】

在装有球形冷凝管、温度计的 250mL 三口烧瓶中加入 16.2g 苯肼❶和 50mL 无水乙醇，加热搅拌至 60℃时，开始滴加 20mL 乙酰乙酸乙酯❷，在 1.5h 内滴加完毕❸，此时控制反应温度在 60～75℃之间，滴完后保温搅拌 7h，停止反应减压蒸馏除去溶剂乙醇 25mL。冷却，结晶，析出浅黄色固体，将粗产品用无水乙醇重结晶 2 次，烘干得产品为浅黄色结晶粉末，测熔点（文献值熔点 127～128℃）。1-苯基-3-甲基-5-吡唑啉酮红外光谱图见图 3-7。

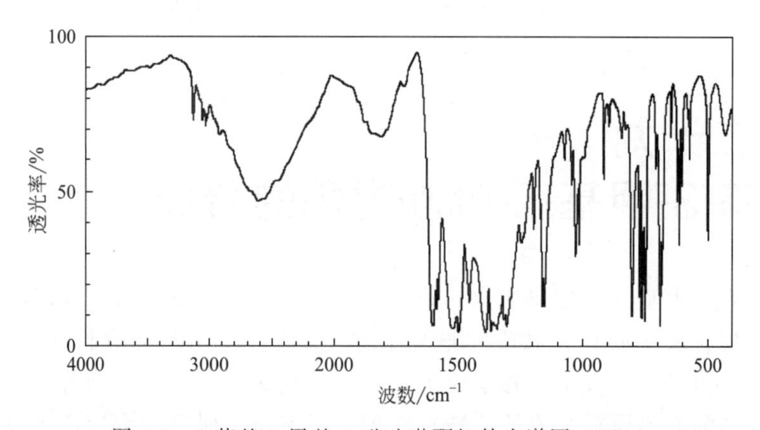

图 3-7　1-苯基-3-甲基-5-吡唑啉酮红外光谱图（KBr）

---

❶ 苯肼：phenylhydrazine。ρ=1.099g/mL。熔点 19.5℃，沸点 243.5℃。淡黄色晶体或油状液体，冷却时凝固成晶体。微溶于水和碱溶液，溶于稀酸。与乙醇、乙醚、氯仿和苯混溶。在空气中变红棕色，有毒，会引起红细胞的溶血作用，使用时不要溅到皮肤上。

❷ 乙酰乙酸乙酯：ethyl acetoacetate。ρ=1.025g/mL。沸点 180℃。有果子香味的无色或微黄色透明液体；溶于水，能与一般有机溶剂混溶；是酮式（92.3%）和烯醇式（7.7%）的平衡混合物。

❸ 滴加时间不宜过长，在温度高的情况下时间过长易发生副反应。

【思考题】

1. 请解释在以无水乙醇为溶剂时苯肼与乙酰乙酸乙酯反应得 1-苯基-3-甲基-5-吡唑啉酮的反应机理。

2. 简述重结晶的步骤及溶剂的选择原则。

实验三十 4-氨基-1,2,4-三唑-5-酮的合成

4-氨基-1,2,4-三唑-5-酮（4-amino-1,2,4-triazol-5-one，ATO）是含氮杂环化合物，具有含氮高、结构致密等特点，与相应的少氮和纯碳环状化合物相比，摩尔体积小，密度高，自身可作为高能钝感炸药和传爆药组分。三唑五元环中共轭体系的存在使其分子具有一定的芳香性和热稳定性。作为含能多齿配体，容易与金属离子形成配合物，并且这类配合物大都具有良好的安定性和强烈的爆炸性，可用作起爆药、炸药和含能催化剂，是一类具有广泛应用前景的含能材料。

【反应式】

$$HC(OC_2H_5)_3 \xrightarrow{NH_2NHCONHNH_2} \text{ATO} + 3C_2H_5OH$$

【主要试剂】

碳酰肼（5g，0.06mol），原甲酸三乙酯（20mL，0.12mol），无水乙醇，蒸馏水。

【实验步骤】

在装有温度计、回流冷凝管的 250mL 三口烧瓶中加入 5g 碳酰肼❶、20mL 原甲酸三乙酯❷和约 2mL 蒸馏水。控制反应温度在 65～85℃，保温回流 2h，然后蒸馏，蒸出反应体系中的副产物乙醇和水。反应完成后，搅拌降温，在冷却过程中析出粉红色固体，出料，抽滤，烘干后备用。产品可先用少量蒸馏水溶解后，加入 2 倍量的无水乙醇，加热至回流，趁热抽滤，冷却后得到白色细颗粒状晶体，测熔点（文献值熔点 187℃）。

---

❶ 碳酰肼：分子式为 $NH_2NHCONHNH_2$，白色结晶粉末。熔点 157℃（熔融时分解），极易溶于水。

❷ 原甲酸三乙酯：三乙氧基甲烷（triethyl orthoformate）；ρ=0.8808g/mL，沸点 144℃；无色透明液体，有刺激性气味，有甜味；微溶于水，并在水中分解，溶于乙醇、乙醚。

【光谱数据】

IR 数据（KBr 压片，cm^{-1}）：3331（ν^{s}—NH—H），3304（ν^{as}—NH—H），3201（ν^{s}—N—H），1643、695（δN—H），3073（ν^{s} = C—H），1710（ν^{s}C = O）；1571（ν^{s} C=N），1249（ν^{s} C—N），942（三唑环的骨架振动）。

【思考题】

1. 4-氨基-1,2,4-三唑-5-酮的制备反应中加入蒸馏水的作用是什么？

2. 4-氨基-1,2,4-三唑-5-酮的制备反应中为什么改用蒸馏装置？

3. 试解释原甲酸三乙酯和碳酰肼关环反应机理。

实验三十一 (*R*)-四氢噻唑-2-硫酮-4-羧酸的合成

(*R*)-四氢噻唑-2-硫酮-4-羧酸［(*R*)-thiazolidine-2-thione-4-carboxylic acid，(*R*)-TTCA］，最早在卷心菜中被发现，是一种多数宾主共栖生物的代谢产物。其分子结构中的硫酰胺基是许多抗甲状腺药物的功能基团。此外 (*R*)-TTCA 分子中的羧酸基和硫酰胺基两个官能团还具有很好的化学选择性及手性识别功能，可应用于不对称合成及对映体转化拆分过程，显著降低手性物制备的成本。(*R*)-TTCA 已应用于杀菌剂、止痛剂、植物生长抑制剂及作为检查尿样中 CS_2 含量的标准试剂等许多领域，其衍生物还可作为酰基化和不对称合成试剂。

【反应式】

HS–CH₂–CH(NH₂)–COOH · HCl —($NaOH, CS_2$ / $CuSO_4 \cdot 5H_2O$)→ (*R*)-四氢噻唑-2-硫酮-4-羧酸（S=C 环，N–H，S，COOH）

【主要试剂】

L-半胱氨酸盐酸盐（5.25g，0.04mol），NaOH（6.4g，0.16mol），$CuSO_4 \cdot 5H_2O$（8.99g，0.036mol），CS_2（3.4mL，0.056mol），浓盐酸，无水硫酸钠，乙酸乙酯，盐酸。

【实验步骤】

取 5.25g L-半胱氨酸盐酸盐[1]水合物，溶于含 6.4g NaOH 的 120mL 水中，

---

[1] L-半胱氨酸盐酸盐（L-cysteinyl monohydrochloride）：*α*-氨基-*β*-巯基丙酸盐酸盐，白色结晶。溶于水和醇。比旋光度＋5.3°～＋7.2°。

加入 3.4mL CS_2 [1]，加入研细的 8.99g $CuSO_4 \cdot 5H_2O$ [2]，在 55℃水浴[3]上反应 2h。反应完毕后过滤，滤出沉淀，用浓盐酸中和至 pH 为 1，用乙酸乙酯萃取[4]，无水硫酸钠干燥，减压蒸出乙酸乙酯，得略呈黄色的片状晶体。用 1∶1的盐酸重结晶，得无色晶体产品，测熔点（熔点 178.3～180.6℃）和旋光度。

【光谱数据】

旋光度：$[\alpha]_D^{20} = -93.3°$（$c = 0.57$，0.1mol/L HCl）。

红外光谱（KBr 压片，cm^{-1}）：3341（N—H）；3300～2500（羧酸，O—H）；2964（C—H）；1736（羧酸，C═O）；1475，1259（C—N）；1117，1205，1050（C═S）。

^1H NMR（DMSO，400MHz）δ：3.58～3.62（quar，1H，CH_2），3.84～3.89（quar，1H，CH_2），4.82～4.86（m，1H，CH），10.45（s，1H，NH），13.47（bs，1H，COOH）。

【思考题】

1. 试解释本实验制备方法中的环化反应原理。

2. 后处理中滤液用浓盐酸中和至 pH 为 1 的目的是什么？

实验三十二 对硝基苯乙腈的合成

对硝基苯乙腈（*p*-nitrobenzyl cyanide）是重要的有机合成原料和医药中间体，可用于合成肾上腺素能受体阻滞剂阿替洛尔和抗抑郁药文拉法新（venlafxine）的重要中间体，也用于制备液晶及农用化学品。对硝基苯乙腈的制备方法主要有：苯乙腈和混酸直接硝化法；苯乙腈以浓硫酸、多聚磷酸或浓磷酸、浓硝酸等组成定向硝化剂的定向硝化法；对硝基苄基卤和氰化钠的亲核取代反应。本实验采用第一种方法来制备对硝基苯乙腈。

---

[1] 二硫化碳：有毒！使用时应严防明火，不准在近处吸烟或动火。

[2] $CuSO_4 \cdot 5H_2O$（cupric sulfate）：五水物是蓝色三斜晶系晶体，无水物是绿白色粉末。溶于水和氨水。

[3] 反应温度对反应影响较大，应保持微沸状态。

[4] 用乙酸乙酯萃取时要充分振荡使萃取完全。

【反应式】

$$NC\text{—}CH_2\text{—}C_6H_5 \xrightarrow{\text{混酸}} NC\text{—}CH_2\text{—}C_6H_4\text{—}NO_2\,(p) + H_2O$$

【主要试剂】

苯乙腈（10g，0.085mol），浓硝酸（27.5mL，0.43mol），浓硫酸（27.5mL，0.49mol），95%乙醇。

【实验步骤】

在装有搅拌器、温度计和滴液漏斗的三口烧瓶中，加入已配制好的混酸[1]，并置于冰水浴中冷至10℃。在滴液漏斗中加入10g苯乙腈[2]（其中不含乙醇和水），搅拌[3]并控制滴加速度使温度保持在15℃左右，不超过20℃[4]。待苯乙腈都已加完后（约1h），移去冰浴，再继续搅拌1h。在500mL烧杯中放入120g碎冰，把反应产物加入其中，这时有糊状物质慢慢分离出来，其中一半以上是对硝基苯乙腈，其余成分为邻硝基苯乙腈和油状物，但没有二硝基化合物的生成。在装有两层滤纸的布氏漏斗中，加入反应物，抽滤，压榨产物，尽量抽干压干以除去其中所含的油状物。

在250mL的锥形瓶中加入50mL 95%乙醇和滤饼，加热至沸腾。待固体全部溶解后，冷却，对硝基苯乙腈淡黄色针状晶体会结晶出来，再用55mL 80%的乙醇进行重结晶得产物[5]，收率50%～54%。

【光谱数据】

红外光谱（KBr压片，cm^{-1}）：3117（νPh C—H）；1602，1452（ν—Ph）；857（δ Ph，═C—H）；2944（CH_2，νC—H）；1406（CH_2，δ C—H）；2220（νC≡N）；1517（ν_{as}—NO_2）；1346（νN═O）。

【思考题】

1. 苯乙腈硝化时加浓硫酸有何作用？能否生成对氰乙基苯磺酸？

---

[1] 混酸的配制方法：在100mL锥形瓶中放入27.5mL浓硝酸，把锥形瓶置于冰水浴中，一边不停摇动锥形瓶，一边将27.5mL浓硫酸慢慢地注入浓硝酸中，温度保持不超过30℃。浓硝酸和浓硫酸均有强腐蚀性和氧化性，操作时须谨慎细心，避免造成伤害。如果不慎灼伤，立即用大量的水冲洗，然后用3%～5%碳酸氢钠溶液洗，并涂烫伤油膏。

[2] 苯乙腈：毒害品，对眼睛和皮肤有刺激性，防止接触皮肤。

[3] 由于苯乙腈和混酸很难互溶，故须充分振荡，增加反应接触机会。

[4] 硝化反应是放热反应，操作时，必须严格控制反应温度，反应温度高时，氰基在酸介质中水解，邻位异构体生成也增多。

[5] 对硝基苯乙腈：淡黄色针状晶体，熔点116～117℃，易溶于多数有机溶剂，不溶于水。

2. 本实验中用混酸作硝化剂有哪些副产物？后处理中采用什么方法除去？

3. 什么是硝化反应？常用的硝化剂有哪些？

实验三十三 对硝基苯乙酸的合成

对硝基苯乙酸（*p*-nitrophenylacetic acid）是有机合成和医药的中间体，可用于合成抗炎药物阿克他利（对乙酰氨基苯乙酸）或联苯乙酸。对硝基苯乙酸的制备方法较多，有研究提出在非质子偶极溶剂中以对硝基甲苯为原料，与酚盐、二氧化碳等羧化试剂反应合成对硝基苯乙酸。目前广泛使用的仍是以对硝基苯乙腈在酸性条件下水解制备该产品，该法操作简便，收率较高。

【反应式】

$$\text{NC}\text{—}\text{NO}_2 \xrightarrow[\triangle]{H^+} \text{HOOC}\text{—}\text{NO}_2 + NH_4HSO_4$$

【主要试剂】

对硝基苯乙腈（10g，0.062mol），浓硫酸（30mL，0.54mol）。

【实验步骤】

在 250mL 的圆底烧瓶中加入对硝基苯乙腈（10g，0.062mol），先倒入稀酸溶液[❶]的三分之二。充分摇动混合物，直至所有的固体都被酸润湿为止。然后用剩余的酸将粘在容器壁上的固体洗到液体中，装上回流冷凝器，加热至沸腾持续 15min 后[❷]，溶液颜色变深，把反应物加入 500mL 的烧杯中，加入等体积（约 70mL）的冷水，并置于冰水浴中冷至 0℃或 0℃以下，抽滤，滤饼用冰水冲洗数次。粗品用约 160mL 水重结晶，干燥得产品，收率为 92%～95%。

【光谱数据】

IR（KBr，cm^{-1}）：3000（Ph，ν ═C—H）；1605，1430（ν—Ph）；1710（νC═O）；1515，1345（ν—NO_2）。

^1H NMR（90MHz，DMSO-d_6）δ：8.21（d，2H，J = 9.0Hz），7.56（d，2H，J=9.0Hz），3.79（s，2H）。

---

❶ 稀酸配制方法：在 100mL 的烧杯中，加入 28.0mL 水，慢慢沿着烧杯壁加入 30mL 浓硫酸并不断搅拌，配制成稀酸溶液。配制稀硫酸时切不可将水直接加入浓硫酸中，以免浓硫酸溅出伤人。

❷ 芳香腈在较高温度、较长时间下才能水解成酸，若反应条件温和则会停留在酰胺阶段。

【思考题】

1. 此反应除用酸催化外还可用哪一类试剂进行催化？

2. 反应后的处理中，为什么多次用水洗涤产品？

实验三十四 硫代巴比妥酸的合成

硫代巴比妥酸（2-thiobarbituric acid），别名丙二酰缩硫脲，化学名称 4,6-二氧-2-硫代嘧啶，是巴比妥酸的衍生物，为镇静催眠药。由丙二酸二乙酯和硫脲反应制备。

【反应式】

$$CH_2(COOC_2H_5)_2 + H_2N\text{-}C(=S)\text{-}NH_2 \xrightarrow[(2)\ HCl]{(1)\ C_2H_5ONa} \text{硫代巴比妥酸} + 2C_2H_5OH$$

【主要试剂】

丙二酸二乙酯（6.5mL，0.04mol），金属钠（1g，0.04mol），硫脲（4g，0.05mol），无水乙醇，浓盐酸。

【实验步骤】

在 100mL 干燥的三口烧瓶中加入 20mL 绝对无水乙醇和 1g 切成小块的金属钠，待其全部溶解后，加入 6.5mL 丙二酸二乙酯，搅拌均匀，然后滴入 4g 干燥过的硫脲❶和 25mL 绝对无水乙醇配成的溶液（如不溶解可加热），搅拌回流 2h。反应物冷却后为一黏稠的白色固体物，向其中加 30mL 热水，再用盐酸酸化到 pH 约为 3，得一澄清溶液，趁热过滤除去少量杂质，滤液用冰水冷却使其结晶，过滤，用少量冰水洗涤数次，得白色固体产品❷硫代巴比妥酸❸，干燥，称量，

---

❶ 硫脲：thiourea，熔点 180～182℃，白色而有光泽的晶体，味苦，溶于水，加热时能溶于乙醇，极微溶于乙醚。

❷ 如反应时温度过高会得到粉红色产品，必要时要经重结晶提纯。

❸ 硫代巴比妥酸：无色或浅黄色片状结晶，有恶臭，对空气敏感，溶于热水、乙醇、乙醚、稀碱溶液和稀盐酸，微溶于冷水，熔点 235℃（分解）。硫代巴比妥酸结构互变现象：

$$\text{4,6-二氧-2-硫代嘧啶（O, NH, NH, S）} \rightleftharpoons \text{4,6-二羟基-2-巯基嘧啶（OH, N, N, HO, SH）}$$

测熔点。红外谱图见图 3-8。

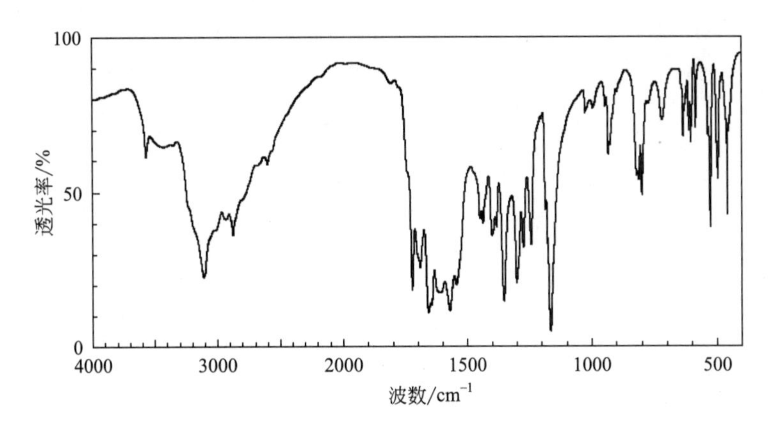

图 3-8　硫代巴比妥酸的红外光谱图（KBr 压片）

【思考题】

1. 本实验制备过程中温度过高会有什么影响？
2. 合成嘧啶类化合物的常用方法有哪些？

第四章

药物合成综合实验

实验一 乳酸米力农的合成

米力农（milrinone）别名甲腈吡酮、米利酮等。化学名称：2-甲基-6-氧代-1,6-二氢-[3,4′双吡啶]-5甲腈。本品1987年于美国首次上市，是治疗慢性心功能不全药，用于严重急、慢性心力衰竭。米力农为氨力农的同系物，但作用比氨力农强10～30倍，且无减少血小板的不良反应。国内外报道了多条合成路线，本实验中选用4-甲基吡啶和乙酰氯等试剂制得中间体1-(4-吡啶基)-2-丙酮后与原甲酸三乙酯缩合得到1-乙氧基-2-(4-吡啶基)乙烯基甲基酮，该中间体不需分离，直接在碱催化作用下与氰基乙酰胺环合得到米力农粗品。

【反应式】

CH_3 N (1) CH_3COCl (2) $NaHSO_3$ (3) NaOH → CH_2COCH_3 N (Ⅰ) (1) $HC(OC_2H_5)_3$,$(CH_3CO)_2O$, CH_3COOH (2) $CNCH_2CONH_2$,CH_3ONa → O H N CH_3 NC N (Ⅱ)

【主要试剂】

4-甲基吡啶（13mL，0.13mol），二氯甲烷，乙酰氯（19mL，0.27mol），饱和碳酸钠溶液，饱和亚硫酸氢钠溶液，氢氧化钠，无水硫酸镁，原甲酸三乙酯（18mL，0.11mol），乙酸酐（19mL，0.20mol），冰醋酸（18.5mL，0.32mol），甲醇钠（70g，1.30mol），氰乙酰胺（8g，0.095mol），无水乙醇，乳酸，无水甲醇。

【实验步骤】

1. 1-(4-吡啶基)-2-丙酮(Ⅰ)的制备

在250mL三颈瓶中，加入4-甲基吡啶13mL、二氯甲烷40mL，冰水浴冷却下滴加乙酰氯19mL，控制内温在10℃以下，滴加完毕后升温至30℃，反应16h。冰浴冷却下滴加饱和碳酸钠溶液，调节pH7～8，静置分层，水层用二氯甲烷（25mL×2）萃取，合并有机层，减压浓缩。浓缩后加入30mL饱和亚硫酸氢钠溶液，室温搅拌2.5h。用二氯甲烷萃取（25mL×2），合并有机层，无水硫酸镁干燥。回收溶剂后减压蒸馏，收集65～67℃/2.7kPa馏分，此为未反应完的4-甲基吡啶。水层用6.25mol/L氢氧化钠溶液调pH值为13，室温下反应2h。加入40mL水，用二氯甲烷（25mL×2）萃取，无水硫酸镁干燥过夜。回收溶剂后减压蒸馏，收集100～102℃/2.7kPa馏分，此为淡黄色至黄色液体。

2. 米力农(Ⅱ)的制备

在100mL圆底烧瓶中加入1-(4-吡啶基)-2-丙酮10g，搅拌下将18mL原甲酸三乙酯、19mL乙酸酐及18.5mL冰醋酸加入反应瓶中，40℃搅拌4h。加入无水乙醇，减压蒸去低沸点溶剂，得深红色油状物，不需精制，直接用于下一步反应。在150mL无水甲醇中加入甲醇钠70g、氰乙酰胺8g及上一步得到的产物，回流1.5h。冷却，滤去甲醇，固体用甲醇洗涤两次，用适量水溶解，活性炭脱色。滤液用冰醋酸调pH6.5～7.0，析出固体，抽滤。固体以DMF-乙醇重结晶，得米力农淡黄色晶体。

3. 乳酸米力农的制备

取上述米力农全量，加95%乙醇70mL和等物质的量的乳酸，搅拌升温至溶解清澈，加入适量活性炭，继续升温至回流，保温30min后趁热过滤，滤液在搅拌下慢慢降温析晶，冷至室温后再放置1h，过滤，用95%乙醇5mL洗涤，滤干，母液回收套用。晶体干燥后得乳酸米力农精品。红外谱图如图4-1所示。

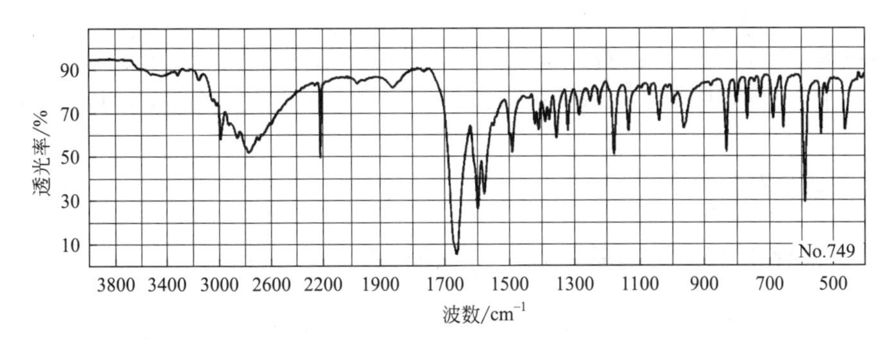

图4-1 乳酸米力农标准红外光谱图（KBr压片法）

【思考题】

1. 请分析制备1-(4-吡啶基)-2-丙酮的反应原理。
2. 用于吡啶、噻唑等常见杂环的常用环合试剂有哪些？

实验二
利巴韦林的合成

利巴韦林（ribavirin），别名病毒唑、三氮唑核苷等，化学名称：1-β-D-呋喃核糖基-1H-1,2,4-三氮唑-3-羧酰胺。本品为抗病毒药，用于流感、腺病毒肺炎、甲型肝炎、疱疹、麻疹的治疗与预防，具有毒性低、副作用小、无明显不良反应的优点。目前利巴韦林的合成主要包括化学法、酶促法与发酵法三种，其中化学法分为卤代糖法、核苷酸法、腺苷法、肌苷法等，主要经由酰化、缩合与氨解三步完成。本实验中直接以四乙酰核糖和1,2,4-三氮唑-3-羧酸甲酯为原料，在催化剂双（对硝基苯基）磷酸酯（BNPP）作用下缩合后再用氨-甲醇溶液氨解制得利巴韦林。

【反应式】

$COOCH_3$ + CH_3COO $OOCCH_3$ CH_3COO $OOCCH_3$ $\xrightarrow{BNPP}$ $COOCH_3$ CH_3COO CH_3COO $OOCCH_3$ (Ⅰ) $\xrightarrow{NH_3}$ $CONH_2$ HO HO OH (Ⅱ)

【主要试剂】

四乙酰核糖（15.9g，0.05mol），1,2,4-三氮唑-3-羧酸甲酯（5.75g，0.05mol），无水甲醇，95%乙醇，乙腈，苯，氯仿，吡啶，乙酸乙酯，三氯氧磷（7.24g，0.05mol），对硝基苯酚（13g，0.09mol），15%氢氧化钠，5mol/L盐酸，刚果红试纸。

【实验步骤】

1. 催化剂双（对硝基苯基）磷酸酯(BNPP)的制备

在250mL圆底烧瓶中，加入15mL乙腈和120mL苯[1]，然后加入13g对硝基苯酚和7.24g三氯氧磷。冷却至0℃，搅拌下于20min内滴加13mL吡啶，继续在室温下搅拌反应6h。过滤除去白色沉淀，滤液减压回收溶剂，残留物溶解

[1] 双(对硝基苯基)磷酸酯的制备中使用的乙腈和苯有毒，操作时应小心，避免吸入和接触到皮肤。

于30mL氯仿中，在快速搅拌下往其中加入40mL 15%氢氧化钠溶液❶，立即生成黄色沉淀，冷却，过滤并水洗，干燥，得粗品。上述粗品溶解于100mL热水中，过滤除去少量的磷酸三苯酯。滤液用5mol/L盐酸调至刚果红试纸为红色。冷却后，过滤水洗，干燥。用乙酸乙酯重结晶，得无色固体，计算其收率并测定熔点，熔点176～178℃。

2. 利巴韦林(Ⅱ)的合成

在250mL三口烧瓶中，加入15.9g四乙酰核糖❷和5.75g 1,2,4-三氮唑-3-羧酸甲酯❸，混合均匀后，置于170～180℃❹油浴中，搅拌下当混合物近完全熔化后，加入0.15g催化剂双(对硝基苯基)磷酸酯，立即抽真空，并于上述温度下减压反应20min。冷却至60～70℃❺，加入无水甲醇，使其充分溶解后，置于冰箱内放置过夜，析出白色固体。抽滤，用冷无水甲醇洗涤滤饼3次，真空干燥，得无色固体1-(2,3,5-三-*O*-乙酰基-*β*-D-呋喃核糖基)-1,2,4-三氮唑-3-羧酸甲酯(Ⅰ)，测定其熔点（熔点101～102℃）并计算收率。将上述所得中间产品悬浮于无水甲醇中，冷却至－5℃，搅拌下通入干燥氨气，当固体完全溶解后，继续通干燥氨气0.5h，密闭后室温下放置48h。过滤，滤饼用无水甲醇洗涤，干燥，得粗品；再用90%乙醇重结晶❻，真空干燥，得白色棉花状晶体产品利巴韦林❼，计算其总收率，测熔点（熔点165～166℃）。

【思考题】

1. 在制备双(对硝基苯基)磷酸酯的实验中加入吡啶有何作用？还可用什么试剂代替它？

---

❶ 加入氢氧化钠的量一定要达到三氯氧磷量的150%以上，否则会产生大量二聚磷酸酯杂质，给后处理带来麻烦。

❷ 四乙酰核糖：化学名称1,2,3,5-*O*-四乙酰-*β*-D-呋喃核糖。白色或类白色结晶性粉末。熔点80～83.5℃。

❸ 1,2,4-三氮唑-3-羧酸甲酯（1,2,4-triazole-3-carboxylic acid methyl ester）：又名三氮唑羧酸甲酯或核苷碱，白色结晶性粉末，熔点197～200℃，是一种重要的医药中间体，主要用于合成抗病毒药利巴韦林等。

❹ 此时反应温度不应超过180℃，否则产物的颜色变深。

❺ 缩合后将反应物冷却至60～70℃时即可加入无水甲醇，温度太高时加入甲醇可能造成甲醇冲出；而温度太低，产物变黏，加入甲醇后不易溶解。

❻ 利巴韦林的重结晶选用高浓度乙醇所得到的产物熔点高，晶型好。

❼ 利巴韦林：白色结晶性粉末，无臭，无味，在水中易溶，在乙醇中微溶，在乙醚或三氯甲烷中不溶。

2. 利巴韦林药物有何药理作用？试解释其分子构效关系。

实验三 尼群地平的合成

尼群地平（nitrendipine），别名硝苯乙吡啶，化学名称为2,6-二甲基-4(3-硝基苯基)-1,4-二氢-3,5-吡啶二甲酸甲乙酯。本品为钙通道阻滞药，1985年于德国首次上市，为第二代二氢吡啶类钙拮抗剂。用于治疗高血压、充血性心力衰竭，也可用于治疗伴有心绞痛的高血压。本实验以3-硝基苯甲醛为原料合成尼群地平。

【反应式】

NO_2　O　O　OC_2H_5　浓H_2SO_4　O_2N　O　O　C_2H_5O　(Ⅰ)　NH_2　O　O　NO_2　O　O　HN　O　O　(Ⅱ)

【主要试剂】

3-硝基苯甲醛（9g，0.06mol），乙酰乙酸乙酯（17mL，0.13mol），浓硫酸，无水乙醇，β-氨基巴豆酸甲酯（3g，0.03mol）。

【实验步骤】

1. 3-硝基亚苄基乙酰乙酸乙酯(Ⅰ)的制备

将17mL乙酰乙酸乙酯加入250mL三口烧瓶中，搅拌下冷却至0℃，慢慢滴加2mL浓硫酸❶，滴毕，分数次加入9g 3-硝基苯甲醛，加毕，于低温5～8℃（温度不超过10℃）❷反应4h，冷冻过夜，滤出结晶，水洗，乙醇重结晶，干燥得白色结晶体，测熔点。

---

❶ 反应过程中释放出的水与硫酸混溶，及时与反应体系分离，有利于化学平衡向右移动，达到较高的反应转化率。

❷ 低温反应既避免了高温反应所引起的副反应又便于操作。

2. 尼群地平(Ⅱ)的合成

往装有搅拌器、回流冷凝管的 250mL 三口烧瓶中，依次加入 30mL 无水乙醇、5g 3-硝基亚苄基乙酰乙酸乙酯和 3g β-氨基巴豆酸甲酯[1]，搅拌，回流反应 6h 左右，冷却到 50℃，减压回收乙醇，冷冻过夜，抽滤，得黄色固体，用无水乙醇重结晶，得荧光黄色粉末产品[2]，测熔点。

【光谱数据】

红外光谱（KBr，cm^{-1}）：3300（N—H）；3210，3075，1680，1630，1515，1470，1335，1290，1240，1200，1105，740，680。

【思考题】

1. 3-硝基亚苄基乙酰乙酸乙酯的制备是关键的一步缩合反应，常用的缩合反应催化剂有哪些？本实验中用的催化剂是什么？

2. 尼群地平分子结构中是否含有手性碳原子？

实验四 巴比妥酸的合成

巴比妥酸（barbituric acid），化学名称：丙二酰脲。本品及其衍生物是一类广泛应用于镇静、催眠的药物，同时也是制备优质染料和药物的重要中间体之一，应用范围很广。利用丙二酸二乙酯与尿素反应可制备本品，也有报道选用氰乙酸和尿素缩合而得氰乙酰脲，由其生成 4-氨基脲嘧啶中间体后再水解得巴比妥酸。本实验采用第一种传统方法制备目标产品。

【反应式】

$$CH_2(COOC_2H_5)_2 + H_2N\text{—}CO\text{—}NH_2 \xrightarrow{C_2H_5ONa} \text{巴比妥酸（HN, NH, O, O, O）} + 2C_2H_5OH$$

【主要试剂】

丙二酸二乙酯（6.5mL，0.04mol），金属钠（1g），尿素（2.4g），无水乙

---

[1] β-氨基巴豆酸甲酯：可于干燥体系中由乙酰乙酸甲酯为原料，甲醇溶剂中，通入干燥氨气制得。

[2] 尼群地平：黄色结晶或结晶性粉末，无臭，无味。易溶于丙酮及氯仿，稍易溶于乙腈及乙酸乙酯，稍难溶于甲醇及乙醇，难溶于乙醚，几乎不溶于水，外消旋体，光照下缓慢变色，故生产贮存过程中应避光。熔点 157～161℃。

醇，盐酸。

【实验步骤】

在 100mL 干燥的三口烧瓶[1]中加入 20mL 绝对无水乙醇和 1g 切成小块的金属钠[2]，待其全部溶解后，加入 6.5mL 丙二酸二乙酯[3]，搅拌均匀，然后滴入 2.4g 干燥过的尿素[4]和 12mL 绝对无水乙醇配成的溶液，搅拌回流 2h。反应物冷却后为一黏稠的白色固体物，向其中加 30mL 热水，再用盐酸酸化到 pH 约为 3，得一澄清溶液，过滤除去少量杂质，滤液用冰水冷却使其结晶，过滤，用少量冰水洗涤数次，得白色棱柱状结晶即巴比妥酸[5]，干燥，称量，测熔点[6]。红外谱图如图 4-2 所示。

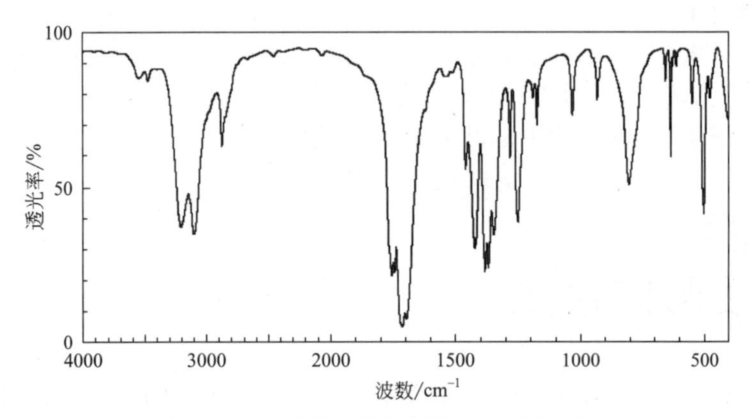

图 4-2 巴比妥酸红外光谱图（KBr 压片法）

---

❶ 所用仪器及药品均应保证无水。

❷ 由于钠与醇可顺利反应，故金属钠无需切得太小，以免暴露太多的表面，在空气中会迅速吸水转化为氢氧化钠而皂化丙二酸二乙酯。

❸ 丙二酸二乙酯：diethyl malonate，$\rho = 1.055$g/mL，沸点 199℃；无色液体，有愉快的气味；不溶于水，溶于乙醇、乙醚、氯仿和苯。如质量不好，可在实验前对其进行减压蒸馏，收集 82～84℃/1.07kPa（8mmHg）或 90～91℃/2.00kPa（15mmHg）的馏分。

❹ 尿素：carbamide，白色、无臭的针状或棱柱形晶体。工业品含有杂质，有时略带微红色。溶于水、乙醇和苯，几乎不溶于乙醚和氯仿。

❺ 巴比妥酸：白色结晶，熔点 244～245℃。溶于乙醚、稀酸、热水，微溶于冷水和乙醇，无味，在空气中易风化。结构互变现象：

❻ 反应产物在水溶液中析出时为有光泽结晶，放置后转化为粉末状。粉末状物质有较准确的熔点。

【思考题】

1. 从巴比妥酸的结构性质说明将其称为酸的原因。

2. 为什么本实验的仪器及药品需预先干燥？

实验五 曲尼司特的合成

曲尼司特（Tranilast），别名：利喘贝、肉桂氨茴酸等。化学名称：2-{[3-(3,4-二甲氧苯基)-1-氧代-2-丙烯基] 氨基} 苯甲酸。本品为抗变态反应药，用于预防或治疗支气管哮喘和过敏性鼻炎。本品具有口服、胃肠易吸收、毒副作用小等特点。但只能作为预防用药，对已发作哮喘不能立即控制症状。本品最基本的合成路线是：以香兰素为原料制得 3,4-二甲氧基苯甲醛，与丙二酸缩合制得 3,4-二甲氧基肉桂酸，再经氯化得 3,4-二甲氧基肉桂酰氯，最后与邻氨基苯甲酸反应制得曲尼司特。本实验缩短了工艺路线，直接以廉价的藜芦醛为原料与丙二酸亚异丙酯和邻氨基苯甲酸的固体研磨物反应制备曲尼司特。

【反应式】

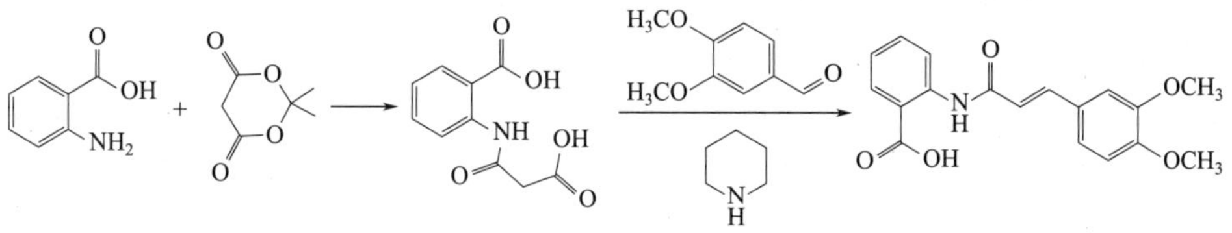

（Ⅰ）　　（Ⅱ）

【主要试剂】

丙二酸亚异丙酯（3.6g，0.025mol），邻氨基苯甲酸（3.4g，0.025mol），藜芦醛（4.2g，0.025mol），哌啶，乙腈（15mL），乙醇，氢氧化钠。

【实验步骤】

将 3.6g 丙二酸亚异丙酯❶和 3.4g 邻氨基苯甲酸❷在研钵中研磨混匀得到中间体（Ⅰ），然后移入 100mL 三口烧瓶中，加入 15mL 乙腈，加热回流 1h。减压蒸馏除去乙腈，加入 4.2g 藜芦醛❸，加入哌啶至回流时完全溶解，加热回流

---

❶ 丙二酸亚异丙酯：自制，见第三章第一节实验四丙二酸亚异丙酯的合成。

❷ 邻氨基苯甲酸：*o*-aminobenzoic acid。熔点 145℃。白色至淡黄色晶体。溶于水、乙醇和乙醚，能升华。

❸ 藜芦醛：3,4-二甲氧基苯甲醛（3,4-dimethoxy benzaldehyde），熔点 45℃。从乙醚中析出者为无色针状结晶；有香荚兰香气，有甜味；不溶于水，溶于乙醇和乙醚。天然品存在于直香茅中。

1h。冷至室温，分批小心加入30mL 10%氢氧化钠，补加哌啶，常压蒸馏，利用哌啶做共沸脱水，之后减压继续浓缩。将浓缩剩余物倒入水中，析出黄色固体，过滤，干燥，得粗品。粗品用乙醇重结晶（可加入几滴盐酸），得淡黄色曲尼司特[1]（Ⅱ）纯品，称量，测熔点。

【光谱数据】

IR（KBr，cm^{-1}）：1695（C═O，羧酸），1655（C═O，酰胺基）。

【思考题】

1. 曲尼司特的合成中加入氢氧化钠的作用是什么？

2. 在合成曲尼司特的后处理中为什么先用常压蒸馏后再用减压蒸馏？

实验六 苯佐卡因的合成

苯佐卡因（benzocaine），别名阿奈司台辛、氨苯甲酸乙酯等，化学名称：对氨基苯甲酸乙酯。本品为局部麻醉药，其起效迅速，对黏膜没有渗透性，毒性低。多配成软膏、栓剂或撒布剂用于创伤、烧伤、痔核、皮肤擦裂等以止痛止痒。苯佐卡因也是重要的医药中间体，可作为奥索仿、奥索卡因、普鲁卡因等前体原料。苯佐卡因的合成方法主要有：以对甲基苯胺为原料，经酰化、氧化、水解、酯化制得苯佐卡因；对硝基苯甲酸经还原、酯化得苯佐卡因；酯化与还原合并为一步进行；对硝基苯甲酸先酯化再还原得苯佐卡因。本实验选用工艺较为成熟的最后一条路线，即对硝基苯甲酸在浓硫酸催化下与乙醇酯化得对硝基苯甲酸乙酯，再经锌粉还原为苯佐卡因。

【反应式】

COOH, NO_2 —(C_2H_5OH,H^+)→ $COOC_2H_5$, NO_2 (Ⅰ) —(Zn,NH_4Cl)→ $COOC_2H_5$, NH_2 (Ⅱ)

【主要试剂】

对硝基苯甲酸（6.0g，0.036mol），无水乙醇24mL，5%碳酸钠水溶液，浓

[1] 曲尼司特：淡黄色或淡黄绿色结晶或白色结晶性粉末，无臭，无味。熔点211～213℃。易溶于*N*,*N*-二甲基甲酰胺，溶于吡啶、二氧六环，微溶于甲醇、乙醇、丙酮、三氯甲烷，不溶于水、苯、环己烷。

硫酸 2mL，锌粉 4.3g，对硝基苯甲酸乙酯（5g，0.026mol），氯仿，5%稀盐酸，40%NaOH 溶液，4.1%（质量分数）的 NH_4Cl 溶液，饱和碳酸钠溶液。

【实验步骤】

1. 对硝基苯甲酸乙酯（Ⅰ）的制备

在一个 100mL 三口烧瓶中先加入 24mL 无水乙醇，在搅拌下加入 6.0g 对硝基苯甲酸❶，然后在搅拌和冰水浴冷却下缓慢加入 2mL 浓硫酸❷。装上回流冷凝管，在水浴上加热回流 4h（TLC 跟踪）。稍冷，在搅拌下往烧瓶中加入 100mL 水，然后减压蒸去乙醇，抽滤。滤饼移至研钵中，细研后用 5%的碳酸钠水溶液调 pH 值至 7.5～8.0，抽滤，滤饼用水多次洗涤（可用乙醇-水混合溶剂将粗品重结晶），干燥得对硝基苯甲酸乙酯❸，称量，计算产率。

2. 苯佐卡因（Ⅱ）的制备

在装有搅拌器和回流冷凝器的 100mL 三口瓶中加入 17mL 4.1%（质量分数）的 NH_4Cl 溶液，迅速加热至 95℃，加入锌粉 4.3g❹，在 90～98℃下活化 20min❺。然后慢慢加入 5g 对硝基苯甲酸乙酯，在 95～98℃反应 90min。冷却至 45℃左右，加入少量饱和碳酸钠溶液调至 pH=7～8，加入氯仿 30mL，搅拌 3～5min，抽滤，用氯仿 7～10mL 洗涤三口瓶及滤渣。将滤液倾入分液漏斗中，静置分层，弃除水层，氯仿层用 5%稀盐酸 90mL 分三次提取，分液，合并提取液（水层），用 40% NaOH 溶液调至 pH=8 析出结晶，抽滤，得苯佐卡因粗品。粗品以 50%乙醇（10～15mL/g）重结晶❻，得苯佐卡因❼纯品。干燥，称量，计算还原收率和总收率。

【光谱数据】

对硝基苯甲酸乙酯 IR（KBr，cm^{-1}）：1720（C=O），1283（C—O—C）。

---

❶ 酯化反应中应该先加入乙醇，然后在搅拌下加入对硝基苯甲酸，以防止其聚结成块状。

❷ 酯化反应加浓硫酸时一定要缓慢，以防止乙醇被炭化。近来有研究用微波辐射对甲苯磺酸代替浓硫酸催化酯化反应的进行。

❸ 对硝基苯甲酸乙酯：ethyl *p*-nitrobenzoate，白色固体，熔点 56～59℃；易溶于乙醇、乙醚，不溶于水。

❹ 还原反应因锌粉密度大，沉于瓶底，必须用搅拌器将其搅拌起来，才能使反应顺利进行，充分激烈搅拌是还原反应的重要因素。

❺ 还原反应锌粉一定要活化，否则还原效果不佳。

❻ 重结晶也可用 95%乙醇，不过会影响一些产率。

❼ 苯佐卡因：白色结晶状固体，熔点 88～91℃，易溶于乙醇、氯仿和乙醚，难溶于水。

苯佐卡因 IR（KBr，cm^{-1}）：3424，3346，1638（N—H）；1687，1282，1174（C=O）。

【思考题】

1. 酯化反应完毕，依据哪些性质将对硝基苯甲酸从混合物中分离出来？

2. 苯佐卡因制备中可能带进哪些杂质？如何除去？

实验七 葡萄糖酸锌的合成

葡萄糖酸锌（zinc gluconate）为新一代的补锌剂，临床用于小儿及青少年因缺锌引起的生长发育迟缓、营养不良、畏食、异食癖、口腔溃疡等，对老年缺锌者亦有用，用后可增强其免疫功能。具有比硫酸锌不良反应少、吸收好、使用方便等特点。葡萄糖酸锌有多种合成路线，如葡萄糖酸钙与硫酸锌的直接合成法、葡萄糖酸内酯为原料的合成法、发酵法、电解法、间接合成法等。综合实验成本、操作的难易、产品纯度等因素，本实验中选用葡萄糖酸钙为原料，经浓硫酸酸化脱钙，所得到的葡萄糖酸再与氧化锌反应合成目标产品。

【反应式】

$$(C_6H_{11}O_7)_2Ca \xrightarrow{H_2SO_4} HOCH_2(CHOH)_4COOH \xrightarrow{ZnO} (C_6H_{11}O_7)_2Zn$$

【主要试剂】

葡萄糖酸钙（5g，0.011mol），氧化锌（4.5g，0.055mol），浓硫酸（6.7mL），95%乙醇，732H 和 7170H 型离子交换树脂。

【实验步骤】

1. 葡萄糖酸的合成

在装有温度计和回流冷凝管的 250mL 三口烧瓶中加入 125mL 蒸馏水，再缓慢加入 6.7mL 浓硫酸[1]，在 90℃搅拌下分批加入 5g 葡萄糖酸钙[2]，反应 1h，趁热滤去析出的硫酸钙沉淀。得到淡黄色的液体，滤饼用少量去离子水洗涤，洗液与滤液合并，依次过 732H 型阳离子交换树脂柱和 7170H 型阴离子交换树脂柱，

[1] 向反应瓶中的蒸馏水加入浓硫酸时要缓慢以防酸溅出伤人。

[2] 葡萄糖酸钙：见第三章第五节实验二十二葡萄糖酸钙的合成。

得无色透明纯葡萄糖酸溶液。

2. 葡萄糖酸锌的合成

于 60℃搅拌下分次加入 4.5g 化学纯氧化锌❶，加完后 pH 为 6.0～6.2，此溶液呈透明状态。趁热通过活性炭层脱色，得澄清滤液。滤液减压蒸馏至原体积的 1/3。加入 10mL 95%乙醇❷，放置 8h❸。使其充分结晶，真空干燥得白色结晶状葡萄糖酸锌粉末❹，称量，测熔点。

【光谱数据】

IR（KBr，ν/cm^{-1}）：3200～3500（O—H）；2984，2934（$—CH_2—$）；1589，1447，1440（COO—）；1135，1088，1056（C—OH）；707，633，429（Zn—O）。

【思考题】

1. 葡萄糖酸溶液制备中是否可以采用无机化学方法进行纯化？如果可以请设计纯化方法。

2. 为提高反应收率本实验中采取了哪些措施？

实验八 奥沙普秦的合成

奥沙普秦（oxaprozin），别名苯噁丙酸，化学名：4,5-二苯基噁唑-2-丙酸。本品为解热镇痛非甾体抗炎药。1983 年于葡萄牙首次上市。用于类风湿性关节炎，具有口服吸收迅速且完全、作用持久、消化道副作用小等特点。常规方法制备奥沙普秦首先由安息香与琥珀酸酐形成单酯，然后经环和制得。反应可以采用多步法，也可用一锅法。本实验中以安息香为起始原料，采用微波辐射下的一锅工艺快速合成奥沙普秦，较常规方法收率高、速度快。

---

❶ 氧化锌：zinc oxide。白色六角晶体或粉末。溶于酸、氢氧化钠和氯化铵溶液，不溶于水或乙醇。是一种两性氧化物。高温时呈黄色，冷后恢复白色。加热至 1800℃升华。

❷ 加入适量的 95%乙醇能促进结晶。

❸ 放置时间越长产率越高，8h 时结晶基本完全。

❹ 葡萄糖酸锌：为无水物或含 3 分子的结晶水，白色或近白色粗粉或结晶性粉末，易溶于水，极难溶于乙醇。

【反应式】

(1) 吡啶, Microwave(w.v.)

(2) $CH_3CO_2NH_4$, CH_3COOH, Microwave(w.v.)

【主要试剂】

安息香（2.1g，0.01mol），丁二酸酐（1.3g，0.01mol），吡啶（1.6g，0.02mol），醋酸铵（1.5g，0.02mol），冰醋酸（5mL）。

【实验步骤】

取2.1g安息香、1.3g丁二酸酐和1.6g吡啶置于100mL梨形瓶中。微波[1]（200W）辐照2min，加入醋酸铵1.5g和冰醋酸5mL，继续以300W微波辐照回流反应5min。最后加入水3mL，微波（300W）下反应1min。反应物静置冷却至室温后，继续以冰浴冷却，使充分析晶。过滤，冰水洗涤，干燥，得到浅黄色针状晶体。粗品用甲醇重结晶，得白色细针晶体[2]，产率约72%。

【光谱数据】

IR（KBr，cm^{-1}）：2800～3000（O—H，羧基）；2650，1720（C═O）；1560（C═N）。

^1H NMR（$CDCl_3$）δ：7.7～8.4（m，10H，2×Ar—H），3.05～3.65（t，4H，2×CH_2），10.40（brs，1H，COOH）。

【思考题】

1. 本实验的一锅反应中包括哪几步反应原理？

2. 请讨论微波辐射的反应时间和功率对产品收率有何影响。

实验九 苯妥英钠的合成

苯妥英钠（phenytoin sodium），别名大伦丁钠，化学名5,5-二苯基乙内酰

[1] 微波辐射有机合成技术参见本教材第二章药物合成反应基本实验技术及车间设备中第一节。

[2] 奥沙普秦：白色或类白色结晶性粉末，熔点161～165℃；无臭或稍有特异臭，味微苦。本品在二甲基甲酰胺或二氧六环中易溶，在三氯甲烷中溶解，在无水乙醇中略溶，在乙醚中微溶，在水中几乎不溶，在冰醋酸中溶解。

脲钠盐。本品为乙内酰脲类抗癫痫药，临床主要用于大发作和精神运动发作，因无催眠作用，对正常活动也无影响。对癫痫小发作无效。还可用于治疗三叉神经痛和抗心律失常。常用的合成方法是苯甲醛在氰化物作用下，经安息香缩合，生成二苯乙醇酮，随后氧化为二苯乙二酮，再在碱性醇液中与脲缩合，重排制得。由于氰化物有剧毒，本实验采用维生素 B_1 催化安息香缩合反应，反应条件温和，收率较高且无毒性。

【反应式】

【主要试剂】

苯甲醛（20mL，0.20mol），氢氧化钠，95%乙醇，二苯乙醇酮（自制，6g，0.03mol），六水合三氯化铁（18g，0.067mol），二苯乙二酮（自制，2g，0.01mol），冰乙酸，维生素 B_1（3.5g，0.01mol），尿素（0.7g，0.01mol），氯化钠，活性炭。

【实验步骤】

1. 二苯乙醇酮(安息香，Ⅰ)的合成

在 250mL 圆底烧瓶中加入 3.5g 维生素 B_1 ❶，10mL 蒸馏水和 30mL 95%乙醇，用塞子塞住瓶口，放在冰盐浴中冷却。用一支试管取 10mL 10% NaOH 溶液，也放在冰浴中，充分冷却（30min 左右），量取 20mL 新鲜的苯甲醛❷，先后将冷的 NaOH 溶液及苯甲醛加入圆底烧瓶内，充分摇动使反应混合均匀，然后在圆底烧瓶上安装回流装置，磁力搅拌❸，油浴温度控制在 70～80℃❹之间，勿使其过热沸腾。约 80～90min 后，让混合物逐渐冷却到室温，析出浅黄色结晶，再将圆底烧瓶放在冰浴中使其结晶完全。如果产物呈油状而不易结晶，再重新加热一次，慢慢地冷却。结晶用布氏漏斗抽滤收集粗产物，用 50mL 冷水洗涤滤

---

❶ 此处不采用 NaCN 做催化剂，是因为 NaCN 具有剧毒，不安全。

❷ 反应的关键是原料的质量。首先苯甲醛不能含有苯甲酸，长期放置的苯甲醛使用前最好用 5%的 $NaHCO_3$ 洗涤后蒸馏。

❸ 也可采用机械搅拌，效果更好。由于该反应是非均相反应，搅拌的有效性是实验成功的关键。

❹ 反应的温度要严格控制，特别是安息香合成开始的前期加热不要太快，后期可适当升高温度至沸腾（80～90℃）。

饼。滤饼可用约 40mL 95%乙醇和 10mL 水进行重结晶，最后得产品约 8～10g，纯安息香为白色针状结晶，熔点为 134～135℃。

2. 二苯乙二酮(Ⅱ)的合成

在 100mL 圆底烧瓶中加入 18mL 冰乙酸、8mL 水、18g 六水合三氯化铁，装上回流管，加热至沸腾，5min 后再加入自制的二苯乙醇酮 3.7g，搅拌下继续回流反应 1h。将反应液冷却至室温后，倒入盛有 50mL 冰水的烧杯中，在冰水浴中搅拌冷却，此时即有二苯乙二酮析出。抽滤并用冷水充分洗涤滤饼，干燥，称重。二苯乙二酮粗产物不需提纯可直接用于下步合成，也可用乙醇重结晶(1∶25)，纯品熔点：94～96℃。

3. 苯妥英钠(Ⅲ)的合成

在装有搅拌器、温度计、球形冷凝管的 250mL 三口烧瓶中，加入 2g 二苯乙二酮、10mL 50%乙醇、0.7g 尿素以及 6mL 20%氢氧化钠。开动搅拌，加热回流 30min。反应完毕，反应液倾入 60mL 沸水中，加入活性炭，煮沸 10min，趁热抽滤。滤液用 10%盐酸调至 pH6，放置析出晶体，抽滤，晶体用少量水洗，得苯妥英粗品。

将上述苯妥英粗品混悬于 4 倍（质量）水中，水浴上温热至 40℃，搅拌下滴加 20% NaOH 至全溶。加活性炭少许，加热 5min，趁热抽滤，滤液加氯化钠至饱和。放冷，析出晶体，抽滤，少量冰水洗涤，干燥得苯妥英钠[1]，称重，计算收率。红外谱图如图 4-3 所示。

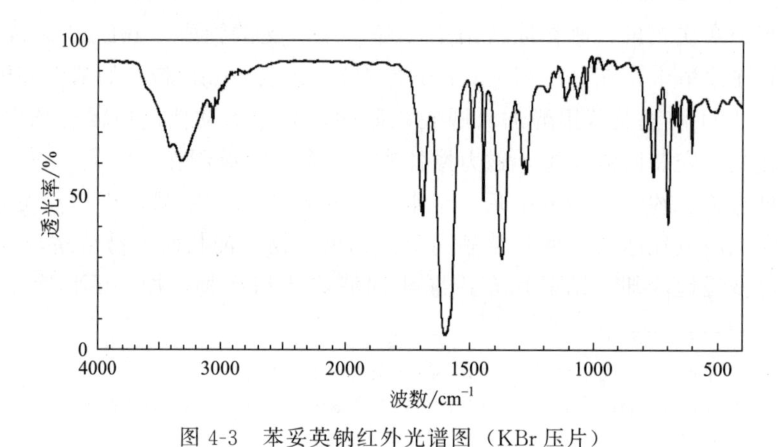

图 4-3　苯妥英钠红外光谱图（KBr 压片）

---

[1] 苯妥英钠：性状为白色粉末，无臭，味微苦，易溶于水，几乎不溶于乙醚或氯仿，在空气中易潮解。

【思考题】

1. 本实验中，为什么不采用 NaCN 做催化剂？

2. 本实验成功的关键是什么？应该注意哪些事项？

3. 醇氧化成酮有哪些方法？

4. 维生素 B_1 不稳定，其作催化剂的反应机理是怎样的？

实验十 盐酸萘替芬的合成

盐酸萘替酚（naftifine hydrochloride），化学名称：(*E*)-*N*-甲基-*N*-(3-苯基-2-丙烯基)-1-萘甲胺盐酸盐。1984 年于马来西亚和新加坡首次上市。本品为抗真菌药。具有抗真菌谱广，毒性较低等特点。萘替芬的合成多采用取代萘苄胺与苯乙酮反应，然后在四氢硼钠存在下反应得萘替芬。本实验采用相转移催化合成目标产品，避免使用昂贵的四氢硼钠，合成路线缩短，反应条件温和，操作简便，收率较高。

【反应式】

$H\text{-}(C(=O))_n\text{-}H$，冰醋酸；$H_3PO_4$，浓HCl → (Ⅰ)（Cl）

CH_3NH_2，C_2H_5OH；K_2CO_3 → (Ⅱ)（$NHCH_3$）

$H\text{-}(C(=O))_n\text{-}H$，浓HCl → (Ⅲ)（$CHCH_2Cl$）

(Ⅱ) + (Ⅲ)：CH_3CN；K_2CO_3 → (Ⅳ)

【主要试剂】

萘（128g，1mol），多聚甲醛，冰醋酸（130mL，2.26mol），85%（质量分数）磷酸（85mL），浓盐酸（21mL），碳酸钾，乙醚，甲胺（12.5g，0.4mol），无水乙醇，PEG-400（5.0g，0.0125mol），二氯甲烷，氢氧化钠，无水硫酸钠，苯乙烯（52g，0.5mol），无水氯化钙，乙腈，PEG-600（6.0g，0.01mol），异丙醇。

【实验步骤】

1. 1-氯甲基萘(Ⅰ)的制备

在250mL圆底烧瓶中加入128g萘❶、55g多聚甲醛，130mL冰醋酸，85%（质量分数）磷酸85mL，21mL浓盐酸，升温至80～85℃，搅拌6h。反应毕，冷却至室温，分出有机层，加入0℃左右10%（质量分数）的碳酸钾溶液洗涤，向有机层加乙醚，无水K_2CO_3干燥，回收溶剂，减压蒸馏，收集115～121℃/0.35kPa馏分，得产物120g，收率68.3%。

2. N-甲基-1-萘甲胺(Ⅱ)的制备

在反应瓶中加入41.5g 30%（质量分数）甲胺❷乙醇溶液100mL，加入13.8g碳酸钾，5.0g PEG-400❸，冰浴冷却，搅拌下滴加60g 1-氯甲基萘和200mL无水乙醇组成的溶液，滴完后，搅拌反应3h。回收溶剂，剩余物加入175mL二氯甲烷。依次用10%（质量分数）氢氧化钠溶液300mL、水洗涤，无水硫酸钠干燥，减压蒸馏，收集131～134℃/0.57kPa馏分，得产物49.7g，收率78.6%。

3. 3-氯-1-苯丙烯(Ⅲ)的制备

250mL反应瓶中加入浓盐酸30mL，25g多聚甲醛，搅拌下加入52g苯乙烯❹，加热回流3h，静置后分去下层废酸，上层反应液用冰水洗涤至中性，无水氯化钙干燥，冷冻后得针状晶体。室温为液体。减压蒸馏，收集123～126℃/2.93kPa馏分，得3-氯-1-苯丙烯（肉桂基氯）52g，收率68.3%。

4. N-甲基-N-(3-苯基-2-丙烯基)-1-萘甲胺盐酸盐(盐酸萘替芬,Ⅳ)的制备

向反应瓶中加入10g 3-氯-1-苯丙烯（肉桂基氯），12g *N*-甲基-1-萘甲胺，

---

❶ 萘：naphthalene。ρ=1.162g/mL。熔点80.2℃。光亮的片状晶体，具有特殊气味。不溶于水，溶于乙醇和乙醚等。易挥发，易升华，能防蛀。其取代反应比加成反应容易。

❷ 甲胺：methylamine。无色气体，有氨的气味。易溶于水，溶于乙醇、乙醚。易燃烧，与空气形成爆炸性混合物。闪点0℃。

❸ PEG-400（600）：聚乙二醇（polyethylene glycol）。无色无臭黏稠液体至蜡状固体。溶于水、乙醇和许多溶剂。由乙二醇缩合制得。蒸气压低，对热稳定，与许多化学品不起反应，不水解，不变质。

❹ 苯乙烯：phenylethylene。熔点146℃。无色易燃液体，有芳香气味和强折射性。不溶于水，溶于乙醇和乙醚。暴露于空气中逐渐发生聚合和氧化。

100mL 乙腈，10.5g K_2CO_3，6.0g PEG-600[1]，加热回流搅拌反应 3h，反应毕，放冷至室温，加水 75mL，乙醚 50mL，搅拌 10min，静置，分出有机层。水层用乙醚萃取，合并有机层，水洗。有机层中加入冰水 15mL，浓盐酸 15mL，搅拌 1h。静置分出油状物，用玻璃棒摩擦油状物使其固化，过滤，水洗，干燥，得粗品盐酸萘替芬 18.7g，用异丙醇-乙醚（1∶1）重结晶，得精品盐酸萘替芬 18.3g，收率 85.6%，测熔点（文献值熔点 177～179℃）。

【思考题】

1. 本实验中所用的 PEG-400、PEG-600 在各步反应中分别起到何作用？
2. 根据反应式解释各步反应机理。
3. 减压蒸馏操作和重结晶操作有哪些注意事项？

实验十一 丙戊酸钠的合成

丙戊酸钠（sodium valproate），化学名：2-丙基戊酸钠。本品为抗癫痫药，为具有支链的脂肪酸盐类，其化学结构和其他抗惊厥药迥异。本品治疗的临床类型广泛，如大发作、小发作、混合型和颞叶癫痫等，更适用于难治性癫痫。关于丙戊酸钠的合成路线有多种，其中常用的合成方法是以丙二酸二乙酯或氰乙酸乙酯为原料，经烷基化、水解、脱羧、成盐制得。本实验选择丙二酸二乙酯为原料合成。

【反应式】

$CH_2(COOC_2H_5)_2$ $\xrightarrow[C_2H_5ONa]{2CH_3CH_2CH_2Br}$ (Ⅰ) $\xrightarrow{KOH,HCl,C_2H_5OH}$ (Ⅱ) $\xrightarrow{\triangle}$ (Ⅲ) $\xrightarrow{NaOH}$ (Ⅳ)

【主要试剂】

丙二酸二乙酯（20mL，0.13mol），乙醇钠，1-溴丙烷（30mL，0.33mol），KOH，乙醇，氢氧化钠溶液，乙酸乙酯，浓盐酸。

[1] PEG-400（600）：聚乙二醇（polyethylene glycol）。无色无臭黏稠液体至蜡状固体。溶于水、乙醇和许多溶剂。由乙二醇缩合制得。蒸气压低，对热稳定，与许多化学品不起反应，不水解，不变质。

【实验步骤】

1. 二丙基丙二酸二乙酯（Ⅰ）的制备

在装有搅拌器、温度计、回流冷凝管的250mL四颈瓶中，投入20mL丙二酸二乙酯、120mL 17%乙醇钠溶液，搅拌加热至70℃左右，开始滴加30mL 1-溴丙烷，加毕，回流3h。进行蒸馏，回收乙醇❶，当反应瓶中有固体析出时，停止蒸馏，冷却，放置1h，滤除生成的溴化钠固体。母液继续蒸馏至无液滴馏出（油浴温度约110℃），停止蒸馏，冷却，得棕红色油状液体，即为二丙基丙二酸二乙酯，将其倒入锥形瓶中，放置，供下一步水解用。

2. 二丙基丙二酸（Ⅱ）的制备

在装有搅拌器、温度计及回流冷凝器的250mL三口烧瓶中，将二丙基丙二酸二乙酯、40% KOH溶液、乙醇和浓盐酸以1∶3.4∶1.34∶3.53比例混合搅拌，回流4h，回收乙醇❷，冷却，用浓盐酸酸化至pH=1❸，静置，析出黄色晶体，抽滤得二丙基丙二酸粗品，熔点155～158℃。

3. 2-丙基戊酸（Ⅲ）的制备

在装有温度计、回流冷凝管及二氧化碳吸收装置❹（图4-4）的250mL三口瓶中，投入上步反应所得二丙基丙二酸粗品，加入止爆剂。加热至内温180℃，待反应物全部熔化，无二氧化碳气体逸出❺时，停止加热。减压蒸馏，收集112～114℃/1.066kPa（8mmHg）的馏分，即得浅黄色2-丙基戊酸液体。

4. 丙戊酸钠（Ⅳ）的制备

将上步所得2-丙基戊酸置于干燥小烧杯中，搅拌下滴加氢氧化钠溶液至

---

❶ 蒸馏回收乙醇时，应将反应体系中乙醇完全除尽，否则乙醇混入产品中，使产品实际含量下降，将会影响下步反应的投料配比。

❷ 控制回收乙醇的油浴温度，以105～110℃为宜。温度过高，产品颜色将变深。

❸ 用浓盐酸酸化过程中，应小心控制浓盐酸用量，酸过量，将形成无机盐的过饱和溶液，析晶后会分为两层，上层为产物，下层为无机盐，需进行分离。

❹ 反应中放出的二氧化碳气体为弱酸性，故应用碱液吸收，吸收装置见图4-4。应注意漏斗与碱液保持一定空隙，否则会引起倒吸。

❺ 检查是否有二氧化碳气体逸出，可用湿润pH试纸在排气管末端检验是否变橙红色。

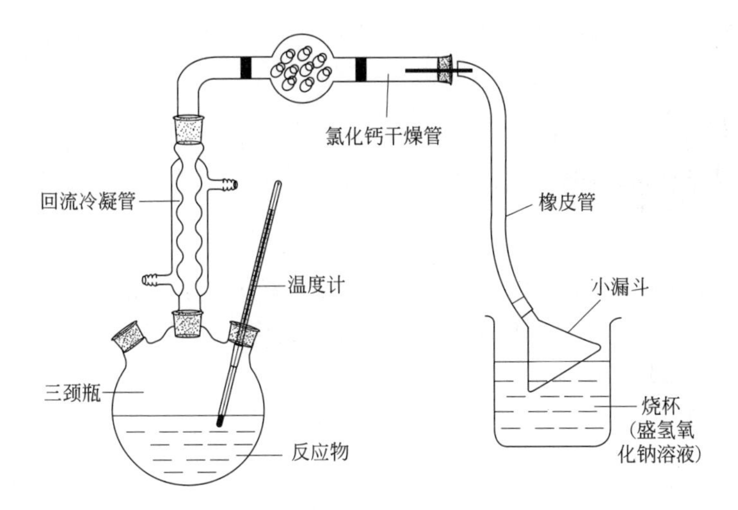

图 4-4　二氧化碳气体吸收装置示意图

pH8～9[1]，注意不得有沉淀出现。加热浓缩至干，得 2-丙基戊酸钠粗品。将粗品加 1.5 倍乙酸乙酯（质量与体积之比）回流溶解，放置，冷却，自然析晶。抽滤，干燥，得丙戊酸钠[2]成品。产品的总收率约为 50%。红外谱图如图 4-5 所示。

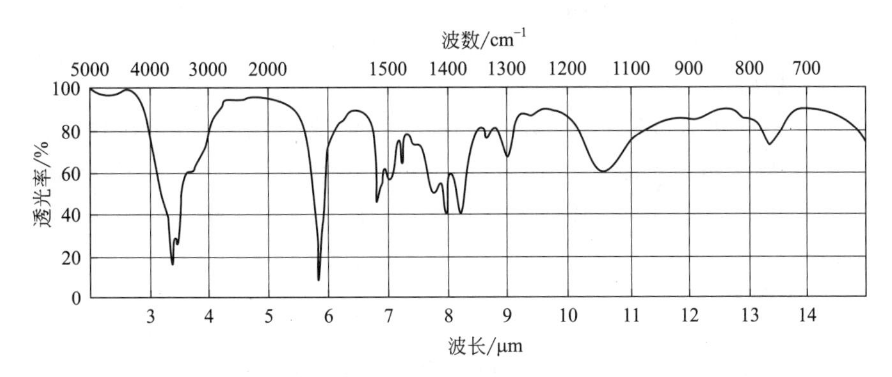

图 4-5　丙戊酸钠红外光谱图（KBr 压片）

【思考题】

1. 2-丙基戊酸的制备原理是什么？

2. 二丙基丙二酸的制备过程中不小心酸化过度产生无机盐，与产品混在一

[1] 氢氧化钠调 pH 值过程中，若碱过量，将出现沉淀，可用浓盐酸回调 pH。

[2] 丙戊酸钠：白色结晶性粉末，味微涩，易溶于水、甲醇或乙醇，几乎不溶于丙酮。

起，用何种方法进行分离纯化？

实验十二 布洛芬的合成

布洛芬（ibuprofen），别名异丁洛芬、异丁苯丙酸等，化学名：α-甲基-4-(2-甲基丙基）苯乙酸。本品为解热镇痛非甾体抗炎药，其消炎、镇痛、解热效果与阿司匹林、保泰松相似而优于扑热息痛。

【反应式】

O $\xrightarrow[CH_3SCH_3]{(CH_3O)_2SO_2}$ O (Ⅰ) $\xrightarrow{无水ZnCl_2}$ CHO (Ⅱ) $\xrightarrow{TBAB,30\%H_2O_2}$ COOH (Ⅲ)

【主要试剂】

硫酸二甲酯（3.8g，0.03mol），二甲硫醚（2g，0.03mol），石油醚（20mL），4-异丁基苯乙酮（5mL，0.03mol），氢氧化钾（1.8g，0.03mol），盐酸，无水氯化锌（0.04g），环己酮（10mL），四丁基溴化铵（0.03g），30％双氧水（3mL）。

【实验步骤】

1. 2-(4-异丁基苯基)-1,2-环氧丙烷(Ⅰ)的合成

在带有搅拌和回流管的250mL三口烧瓶中加入3.8g硫酸二甲酯、2g二甲硫醚[1]和20mL石油醚，40℃下搅拌2h，再加入5mL 4-异丁基苯乙酮和1.8g氢氧化钾，回流搅拌7h，反应毕降温，加入盐酸中和、分层，负压蒸馏回收溶剂，得到2-(4-异丁基苯基)-1,2-环氧丙烷黄色固体。

[1] 硫酸二甲酯与二甲硫醚反应生成硫内鎓盐。

2. 布洛芬(Ⅲ)的合成

在带有搅拌和干燥管的 100mL 三口烧瓶中加入上述制备的 3.8g 2-(4-异丁基苯基)-1,2-环氧丙烷、0.04g 无水氯化锌[1]、10mL 环己酮，0℃下搅拌 4h，反应毕，加入 10mL 水洗，分相，有机相为 2-(4-异丁基苯基) 丙醛（Ⅱ）的环己酮溶液，将其和 0.03g 四丁基溴化铵加入带有搅拌和回流管的 100mL 三口烧瓶中，于 50℃下滴加入 30%双氧水 3mL，加完后继续反应 4h，反应毕分相，有机相负压蒸馏回收溶剂得到黄色固体布洛芬粗品。红外谱图如图 4-6 所示。

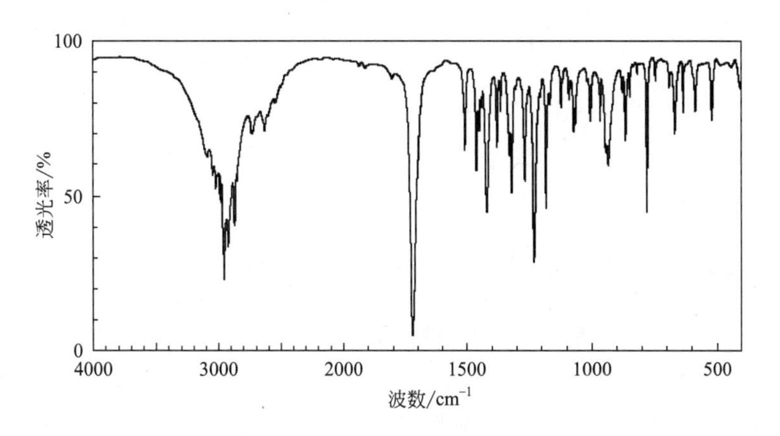

图 4-6　布洛芬红外光谱图（KBr 压片）

【思考题】

1. 本制备实验分两步进行，其中共涉及了哪些反应原理？
2. 布洛芬的合成路线有多种，请查阅文献对各路线作以评价。

实验十三 醋酸胍那苄的合成

醋酸胍那苄（guanabenz acetate），化学名：[(2,6-二氯苯亚甲基)氨基] 胍醋酸盐。1982 年于美国首次上市，是一种中枢作用的 α-激动剂类的抗高血压药物。

---

[1] 还可采用其他的 Lewis 酸如无水氯化锡等。

【反应式】

$$\text{2,6-二氯苯甲醛} + H_2N\text{-}NH\text{-}C(=NH)NH_2 \cdot H_2CO_3 \xrightarrow{HCl} \text{(I)}\ \cdot HCl$$

(Ⅰ)

$$\xrightarrow{NaOH} \text{(II)} \xrightarrow{CH_3COOH} \text{(III)}\ NH_2 \cdot CH_3COOH$$

(Ⅱ) (Ⅲ)

【主要试剂】

2,6-二氯苯甲醛（9.3g，0.05mol），氨基胍碳酸盐（7.8g，0.05mol），浓盐酸（50mL），正丁醇（250mL），10%NaOH（13mL），丙酮，乙腈，醋酸。

【实验步骤】

1. [(2,6-二氯苯亚甲基)氨基]胍盐酸盐(Ⅰ)的制备

9.3g 2,6-二氯苯甲醛、7.8g 氨基胍[1]碳酸盐、50mL 浓盐酸和 250mL 正丁醇混合物在 120℃下回流，反应中生成的水共沸 4h 除去。混合物冷却过滤得到 10.5g [(2,6-二氯苯亚甲基) 氨基] 胍盐酸盐白色结晶。熔点 223～224℃，收率 74%。

2. [(2,6-二氯苯亚甲基)氨基]胍(Ⅱ)的制备

4.0g [(2,6-二氯苯亚甲基)氨基]胍盐酸盐与 60mL 水混合，再加 13mL 10%NaOH 溶液。过滤出沉淀物，用水和丙酮洗涤，所得固体用乙腈重结晶，得到 [(2,6-二氯苯亚甲基)氨基]胍白色结晶 2.3g，熔点 227～229℃，收率 67%。

3. 醋酸胍那苄(Ⅲ)的制备

[(2,6-二氯苯亚甲基)氨基] 胍与醋酸反应可制得醋酸胍那苄[2]，熔点

---

[1] 氨基胍，又名脒基联氨，英文名称 Amino guanidine。无色立方晶体，在空气中变成红色。水溶液加热时分解，并释放出氨。不溶于乙醚，溶于水和乙醇；水溶液呈强碱性。主要作为医药及有机合成中间体和氨基化剂。

[2] 醋酸胍那苄：白色结晶或结晶性粉末，熔点 188～193℃（分解）。无臭，味稍苦，易溶于冰乙酸，稍易溶于甲醇及乙醇，难溶于水，几乎不溶于氯仿及乙酸乙酯。见光异构化。

192.5℃，收率90%。

【思考题】

1. 在［(2,6-二氯苯亚甲基)氨基］胍盐酸盐的制备中，反应中生成的水与何物质形成共沸物？请说明其共沸温度和共沸组成。

2. 在［(2,6-二氯苯亚甲基)氨基］胍的制备中，用水和丙酮从过滤沉淀物中洗去什么杂质？

实验十四 己酮可可碱的合成

己酮可可碱（pentoxifylline），别名己酮可可豆碱，化学名：3,7-二氢-3,7-二甲基-1-(5-氧代己基)-1*H*-嘌呤-2,6-二酮。本品为血管扩张药。用于血栓闭塞性脉管炎、脑血管障碍、血管性头痛等。在无水碳酸钾催化下，1,3-溴氯丙烷和乙酰乙酸乙酯发生环合反应生成2-甲基-3-乙氧羰基-5,6-二氢吡喃，再与氢溴酸反应制备溴己酮，然后与可可碱经缩合反应得到己酮可可碱。

【反应式】

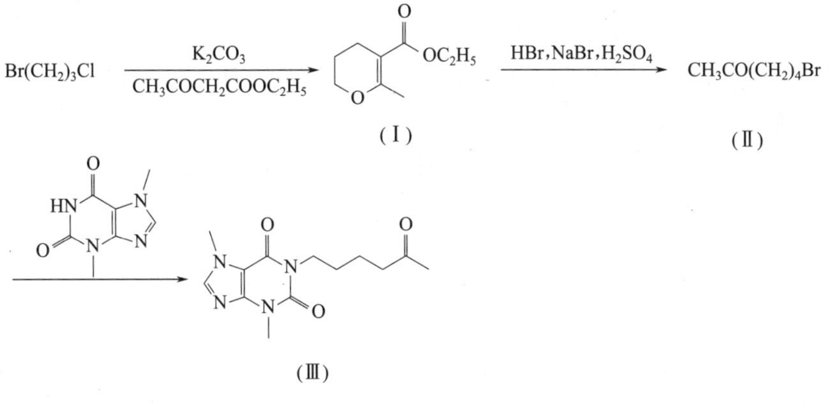

$Br(CH_2)_3Cl$ $\xrightarrow[CH_3COCH_2COOC_2H_5]{K_2CO_3}$ (Ⅰ) $\xrightarrow{HBr,NaBr,H_2SO_4}$ $CH_3CO(CH_2)_4Br$ (Ⅱ) → (Ⅲ)

【主要试剂】

无水碳酸钾（13.8g，0.1mol），乙醇（40mL），1,3-溴氯丙烷（4mL，0.04mol），乙酰乙酸乙酯（7.6mL，0.06mol），47%氢溴酸（4mL），溴化钠（3.4g，0.03mol），98%硫酸（1mL），可可碱（1.8g，0.01mol），10% NaOH（10mL），乙醇，氯仿。

【实验步骤】

1. 2-甲基-3-乙氧羰基-5,6-二氢吡喃（Ⅰ）的制备

于装有回流冷凝器、温度计、滴液漏斗、搅拌装置的250mL反应瓶中，加入无水碳酸钾13.8g、乙醇40mL，混合搅拌均匀，滴加乙酰乙酸乙酯❶7.6mL，滴完搅拌1h，滴加1,3-溴氯丙烷4mL，滴完升温回流8h。冷却过滤，滤液回收乙醇，收集102～107℃/(10～15mmHg)的馏分可得2-甲基-3-乙氧羰基-5,6-二氢吡喃，沸点105～108℃（14mmHg）。

2. 6-溴-2-己酮（Ⅱ）的制备

于250mL的反应瓶中，投入上述制备的2-甲基-3-乙氧羰基-5,6-二氢吡喃4.8mL、47%氢溴酸❷4mL，溴化钠3.4g，混合搅拌均匀，加入98%硫酸1mL，升温回流6h。降温加水14mL，用氯仿（10mL×3）提取，提取液回收氯仿，收集102～104℃/(10～15mmHg)的馏分❸。

3. 己酮可可碱（Ⅲ）的制备

将1.8g可可碱加入10mL 10%的NaOH溶液中，再将1.8g 6-溴-2-己酮与10mL乙醇的混合液滴入上述溶液中，升温回流6h，降温过滤，用氯仿（10mL×3）提取，回收氯仿，加50%的乙醇10mL。降温，过滤，干燥得己酮可可碱粗品。己酮可可碱粗品❹可以用乙醇重结晶。红外谱图如图4-7所示。

【思考题】

1. 在2-甲基-3-乙氧羰基-5,6-二氢吡喃的制备中，无水碳酸钾起什么作用？
2. 在6-溴-2-己酮的制备步骤中，为什么要加入溴化钠？
3. 请阐述目标产品的制备原理。

---

❶ 乙酰乙酸乙酯：有果子香味的无色或微黄色透明液体，溶于水，能与一般有机溶剂混溶。ρ=1.025g/mL，沸点180℃，闪点84.5℃。由乙酸乙酯在金属钠或乙醇钠的催化作用下经缩合反应而得。用于合成染料和药物，也是其他有机合成中的重要中间体。乙酰乙酸乙酯是酮式（92.3%）和烯醇式（7.7%）的平衡混合物。

❷ 氢溴酸：溴化氢的水溶液。加热其饱和溶液即放出部分溴化氢，是一种强酸，具有强烈的腐蚀性。对光很灵敏，应贮藏暗处，并紧密塞住盛器。溅在皮肤上会引起发炎和发痒。

❸ 收集中间体产品时应严格控制沸程，使含量在94%以上以减少副产物的比例，增加目标产品收率。

❹ 己酮可可碱：白色结晶性粉末，熔点102～106℃，无臭，味苦。易溶于冰乙酸，稍易溶于水、乙醇、甲醇和乙酐，难溶于乙醚。

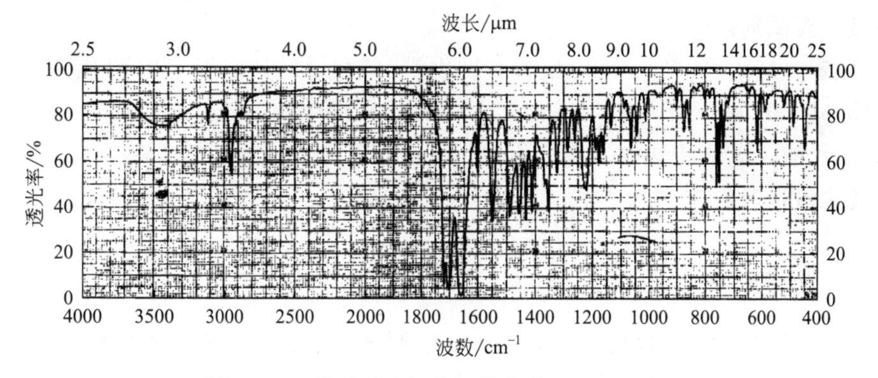

图 4-7　己酮可可碱标准红外光谱（KBr 压片）

实验十五 联苯乙酸的合成

联苯乙酸（felbinac），化学名称：(1,1-二苯基)-4-乙酸。本品为消炎镇痛药，1986 年于日本首次上市，是芬布芬的活性代谢物，用于变形性关节病、肩关节周围炎、腱鞘炎、肌肉痛、外伤后肿胀、疼痛等疾病的镇痛和消炎。联苯乙酸也是合成对消化道刺激小但具有消炎镇痛等功效药物的一种药物中间体。国内外制备联苯乙酸的主要方法有：氯甲基化-氰基取代-水解工艺、Suzuki 偶联-Willgerodt-Kindler 反应-皂化-酸解工艺、Friedel-Crafts 酰基化-Willgerodt-Kindler 反应-皂化-酸解工艺等，各方法评价不一。本合成中选用实验室可行的制备路线，以联苯和酸酐先经过 Friedel-Crafts 酰基化合成联苯乙酮，微波辅助联苯乙酮与硫和吗啉发生 Willgerodt-Kindler 反应，生成对吗啉硫代酰甲基联苯中间体，最后再经过皂化和酸解就可得到联苯乙酸。

【反应式】

$\xrightarrow[CS_2]{(CH_3CO)_2O, AlCl_3}$ (Ⅰ) $\xrightarrow[\text{Microwave(w.v.)}]{S,\ \text{吗啉}}$ (Ⅱ)

$\xrightarrow[(2)\ HCl]{(1)\ NaOH, C_2H_5OH}$ HOOC (Ⅲ)

【主要试剂】

联苯（12g，0.08mol），无水三氯化铝（24g，0.18mol），二硫化碳，乙酸酐（9.5g，0.09mol），硫（1.14g，0.04mol），吗啉（1.3mL，0.01mol），三氯甲烷，盐酸，无水硫酸钠，氢氧化钠，乙醇，甲醇。

【实验步骤】

1. 联苯乙酮（Ⅰ）的合成

在干燥的250mL反应瓶中，加入12g联苯、24g无水三氯化铝❶和重蒸二硫化碳❷70mL，搅拌加热回流后，于1h内缓慢滴加9.5g乙酸酐，滴毕，继续搅拌回流2h❸。反应毕，冷却，倒入含盐酸的碎冰中，搅拌，用三氯甲烷提取3次（每次用量30mL），合并有机层，依次用水、10%氢氧化钠、水各30mL洗涤，无水硫酸钠干燥。过滤，滤液用活性炭脱色，过滤，滤液减压回收溶剂，残留物冷却后加入乙醇适量，析出结晶。抽滤，干燥，得联苯乙酮，熔点116～118℃。

2. 联苯乙酸（Ⅲ）的合成

取联苯乙酮2.0g、硫1.14g、1.3mL吗啉于100mL的圆底烧瓶中，微波反应器中900W下冷凝回流7min后将15mL甲醇加入圆底烧瓶中，加热回流使产物完全溶解，再加入适量活性炭脱色，趁热将活性炭滤去。冷却析出结晶，抽滤，烘干得对吗啉硫代酰甲基联苯（Ⅱ）粗品，用甲醇重结晶得精品。加入70%（体积分数）乙醇水溶液15mL和50%（质量分数）NaOH溶液3.7mL的混合溶液，回流2h，过滤，滤液减压除去溶剂，加水后用稀盐酸酸化至pH值为2，过滤，干燥得粗品联苯乙酸。用醋酸-水（1∶1）溶液重结晶得精品联苯乙酸❹。

【光谱数据】

IR（KBr，cm^{-1}）：1690（C═O）。

^{1}HNMR（CD_3SOCD_3）：δ11.89（brs，1H，COOH），7.23～7.69（m，

---

❶ 无水三氯化铝容易吸潮，拆分后应放在干燥器中保存，称量前在红外灯下用干燥的研钵粉碎，称量最好在通风橱中快速进行。

❷ 二硫化碳易燃、易挥发、有毒，实验前由准备室教师重新蒸馏后使用，量取应在通风橱中进行。

❸ 反应进程可以用TLC点板跟踪，用硅胶薄层板，展开剂石油醚-乙酸乙酯（4∶1）。

❹ 联苯乙酸：白色针状结晶或结晶性粉末。溶于二氯甲烷、三氯甲烷和DMF，不溶于乙醚、水。熔点163～165℃。

9H，Ar-H)，3.60 (s，2H，CH_2CO)。

【思考题】

1. Friedel-Crafts 酰基化反应常用的酰化试剂和催化剂有哪些种类？本实验中联苯乙酮的制备中可以用哪种常见的酰化试剂代替乙酸酐？

2. 微波促进有机合成的主要原理是什么？

实验十六 曲匹地尔的合成

曲匹地尔 (trapidil)，别名乐可安，化学名为 5-甲基-7-二乙氨基-1,2,4-三唑[1,5-α] 嘧啶，具有选择性扩张冠脉作用。以氨基碳酸胍和甲酸为原料，一步合成曲匹地尔的中间体 3-氨基-1,2,4-三氮唑。该产物可直接进行下步反应，经系列环合、取代反应制备目标产品。

【反应式】

$NH_2NHC(=NH)NH_2 \cdot H_2CO_3$ —HCOOH→ (Ⅰ) —$CH_3COCH_2COOC_2H_5$ / CH_3COOH→ (Ⅱ) —$POCl_3$ / $CHCl_3$→ (Ⅲ) —$C_2H_5NHC_2H_5$→ (Ⅳ)

(Ⅰ) (Ⅱ) (Ⅲ) (Ⅳ)

【主要试剂】

氨基胍碳酸盐 (14.5g，0.10mol)，甲酸 (20mL，0.53mol)，乙酰乙酸乙酯 (12mL，0.09mol)，三氯氧磷 (3.8g，0.02mol)，二乙胺 (17mL，0.17mol)，乙酸，丙酮，乙醇。

【实验步骤】

1. 5-甲基-7-羟基-1,2,4-三氮唑 [1,5-α] 嘧啶(Ⅱ)的合成

于 100mL 三颈瓶中加入粉碎的 14.5g 氨基胍碳酸盐，再加入 20mL 甲酸，混匀，加热使成溶液，于 100～110℃搅拌反应 5h，敞口，挥干水分，得白色固体物 3-氨基-1,2,4-三氮唑 (Ⅰ)。降温至 60℃，缓缓加入由乙酰乙酸乙酯 12mL

溶于18mL乙酸的溶液，小心搅拌使固体溶解，再升温至100～110℃，搅拌反应3h，得粉红色沉淀。反应完毕，常温下放置过夜，析出固体，过滤，红色滤液弃去，用冷乙醇洗涤结晶2次，得淡红色结晶，于90℃真空干燥2h，得化合物（Ⅱ），收率80%，熔点280～284℃。

2. 5-甲基-7-二乙氨基-1,2,4-三氮唑［1,5-α］嘧啶（曲匹地尔，Ⅳ）的合成

于150mL三颈瓶内加入2.8g化合物（Ⅱ），再加入三氯氧磷[1]3.8g，混匀，搅拌下缓缓升温至75℃，并在此温度下搅拌反应1h，然后升温至95～110℃，反应3h，降温至60℃，加氯仿5mL，搅拌30min，冷至10℃以下，加冰水5mL，搅拌30min，分层，取上层水溶液加氢氧化钠溶液调pH6.0～7.0，搅拌1h，过滤，得红色固体物Ⅲ。室温下将上述红色固体用30mL丙酮溶解，过滤，弃去不溶物。溶液置于250mL三颈瓶中，室温下搅拌加入二乙胺5mL，反应3h。反应完毕，调pH10～12，减压蒸去丙酮（60℃），趁热倾出剩余物，冷却结晶，过滤，结晶用混合溶剂（5mL乙酸乙酯加5mL环己烷混合）洗涤1次，混合溶剂重结晶，80℃干燥，即得目标化合物（Ⅳ）[2]，收率为75%。

【思考题】

1. 乙酰乙酸乙酯可以用于哪些常见杂环类化合物的合成？
2. 最终产品的合成后处理中为什么调pH10～12？

实验十七 盐酸胍法辛的合成

盐酸胍法辛（guanfacine hydrochloride），化学名称：*N*-（氨基亚氨甲基）-2,6-二氯苯乙酰胺盐酸盐。1989年于瑞士首次上市。本品为降压药。可直接作用于中枢神经α受体。用于治疗轻中度原发性高血压。主要的制备方法是以2,6-

[1] 三氯氧磷：遇水剧烈反应释放出酸性烟雾。当通过呼吸吸入、意外吞服或与皮肤接触时，可产生致命性的灼伤；如果其液滴溅入眼内，应立即用大量水冲洗并尽快就医治疗。使用时应穿戴防护性的衣服、戴口罩和手套等。

[2] 曲匹地尔：白色至微黄白色结晶粉末，无臭，味苦。极易溶于水及甲醇，易溶于乙醇、乙酸酐、冰乙酸，稍难溶于乙醚。熔点100～105℃。

二氯苯乙酸的酯、酰氯、腈衍生物与胍或 *S*-甲基异硫脲合成。本实验中以 2,6-二氯氯苄为起始原料，经亲核取代反应生成 2,6-二氯苯乙腈，在酸性条件下醇解成酯后与胍反应成胍法辛，最后与盐酸成盐制备目标产品。

【反应式】

Cl, CH_2Cl, Cl $\xrightarrow[\text{氯苯 (C}_6\text{H}_5\text{Cl)}]{NaCN,(C_2H_5)_3N}$ Cl, CH_2CN, Cl (Ⅰ) $\xrightarrow[H_2SO_4]{CH_3OH}$ Cl, CH_2COOCH_3, Cl (Ⅱ)

$\xrightarrow[(2)\ HCl,C_2H_5OH]{(1)\ H_2N-C(=NH)-NH_2\ HCl\ ,(CH_3)_2CHOH}$ Cl, $CH_2CO-NH-C(=NH)-NH_2$ HCl, Cl (Ⅲ)

【主要试剂】

2,6-二氯氯苄（11.8g，0.06mol），35%氰化钠水溶液（9.2g，0.06mol），三乙胺（0.06g），氯苯（15mL），无水甲醇（50mL），浓硫酸（2mL），盐酸胍（1.1g，0.01mol），异丙醇钠，异丙醇，2,6-二氯苯乙腈，无水硫酸钠，乙醇，乙醚，10%碳酸钠。

【实验步骤】

1. 2,6-二氯苯乙腈（Ⅰ）的制备

在 100mL 反应瓶中，加入 11.8g 2,6-二氯氯苄、35%氰化钠水溶液 9.2g、三乙胺 0.06g 和氯苯 15mL，于 95℃搅拌 3h。反应毕，分出有机层水洗至 pH7，无水硫酸钠干燥，过滤。滤液回收溶剂后，冷却，析出固体，得粗品，用乙醇重结晶，得 2,6-二氯苯乙腈，收率约 90%，熔点 75～77℃。

2. 2,6-二氯苯乙酸甲酯（Ⅱ）的制备

在 250mL 反应瓶中，加入 4.8g 2,6-二氯苯乙腈、50mL 无水甲醇和 2mL 浓硫酸加热回流 16h。反应毕，减压回收甲醇，将剩余物加入 30mL 冰水中，用乙醚提取数次，合并有机层，依次用水、10%碳酸钠溶液、水洗涤，无水硫酸钠干燥，过滤，滤液回收溶剂后，减压蒸馏，收集沸点 151～153℃（2.17kPa）馏分，得无色液体 2,6-二氯苯乙酸甲酯。

3. 盐酸胍法辛(Ⅲ)的合成

在 100mL 干燥反应瓶中，加入 1.1g 盐酸胍[1]、0.9g 异丙醇钠和异丙醇 20mL，室温搅拌 24h 后，过滤除去氯化钠，向滤液中加入 2.2g 2,6-二氯苯乙酸甲酯和无水异丙醇 5mL 的溶液，于室温搅拌 15min 后，回收溶剂，冷却，析出固体。向固体中加入适量异丙醇调成浆状后，用氯化氢的乙醇溶液调至 pH1～2，过滤，除去不溶物，滤液浓缩后，加入适量乙醚，析出白色针状结晶，过滤，得粗品，用乙醇-乙醚重结晶得盐酸胍法辛[2]。

【光谱数据】

UV（C_2H_5OH）：λ_{max} 267，227nm。

IR（KBr，cm^{-1}）：3490，3420，3040，1665，1608，1587，780。

^{1}H NMR（CD_3SOCD_3）δ：7.40（m，3H，Ar—H），7.20（m，4H，2×NH 和 NH_2，重水交换消失），3.80（s，2H，CH_2）。

【思考题】

1. 为什么不能将 2,6-二氯苯乙酰氯一次性加到胍与甲苯的混合物中？
2. 最后生成的白色针状结晶中可能含有什么杂质？为什么要用氯仿洗净？

实验十八
依匹唑的合成

依匹唑（epirizole），别名嘧吡唑（mepirizole），化学名称：4-甲氧基-2-(5-甲氧基-3-甲基-1-吡嗪基)-6-甲基嘧啶。具有抗炎镇痛及解热作用，抗炎作用较阿司匹林、保泰松强，用于各种炎症性疼痛。该药物的合成路线有数十种，但很多方法反应步骤复杂，原料不易得，劳动保护要求高。采用硫脲和乙酰乙酸乙酯为初始原料经两步环合分别制得 2-肼-4-羟基-6-甲基嘧啶、1-(4-羟基-6-甲基-2-嘧啶基)-3-甲基吡唑啉-5-酮中间体后最终生成目标产品。

---

[1] 胍，又名亚胺脲，无色晶体，熔点 50℃，在 160℃分解，溶于水和乙醇。因为游离胍分离困难，一般商品是其盐类，如盐酸胍、硫酸胍、硝酸胍等。

[2] 盐酸胍法辛：白色、淡灰白色的结晶或结晶性粉末。稍有特殊气味，稍易溶于甲醇，稍难溶于水、0.1mol/L 盐酸、无水乙醇或冰乙酸，极难溶于乙酐、乙腈、丙酮或氯仿，几乎不溶于乙酸、乙酸乙酯或甲苯，熔点 213～216℃。

【反应式】

$$\text{乙酰乙酸乙酯} + H_2N-C(=S)-NH_2 \xrightarrow[CH_3OH]{CH_3ONa} \text{(I)} \xrightarrow{H_2NNH_2 \cdot H_2O} \text{(II)}$$

$$\xrightarrow{\text{乙酰乙酸乙酯}} \text{(III)} \xrightarrow[(CH_3O)_2SO_2]{CH_3ONa} \text{(IV)}$$

【主要试剂】

甲醇，硫脲（4g，0.05mol），乙酰乙酸乙酯（15mL，0.12mol），甲醇钠（31g，0.58mol），乙酸，乙醇，水合肼（0.15mol），氢氧化钠，盐酸，二甲基乙酰胺（50mL，0.54mol），硫酸二甲酯（9mL，0.1mol），无水硫酸钠。

【实验步骤】

1. 2-巯基-4-羟基-6-甲基嘧啶（Ⅰ）的制备

在装有50mL甲醇的250mL的圆底烧瓶中，搅拌状态下加入4g硫脲、7mL乙酰乙酸乙酯、26g甲醇钠❶，缓慢升温至回流，回收甲醇，浓缩物用50mL水溶解，加少量活性炭脱色，过滤，滤液用乙酸调pH值约为6，即有结晶析出，过滤，滤饼用少量热稀乙酸液冲洗，得目标产品。

2. 2-肼-4-羟基-6-甲基嘧啶（Ⅱ）的制备

在250mL的三口烧瓶中加入4g 2-巯基-4-羟基-6-甲基嘧啶、17mL乙醇、8mL水合肼❷，搅拌下升温回流，产生的硫化氢气体用液体吸收❸，反应至无硫化氢气体产生即可停止加热，冷却、结晶、洗涤、干燥，即得中间体2-肼-4-羟基-6-甲基嘧啶（熔点233～235℃）。

---

❶ 甲醇钠：易燃，有强的腐蚀性，刺激鼻眼。

❷ 水合肼：极毒！能腐蚀玻璃、橡胶、皮革、软木等。

❸ 硫化氢气体有毒，防止反应中产生的硫化氢气体散逸到空气中，可采用氢氧化钠溶液吸收。

3. 1-(4-羟基-6-甲基-2-嘧啶基)-3-甲基吡唑啉-5-酮(Ⅲ)的制备

在 250mL 的三口烧瓶中加入 17mL 甲醇、8mL 乙酰乙酸乙酯，搅拌后加入 6g 2-肼-4-羟基-6-甲基嘧啶，回流 3h，然后加氢氧化钠调 pH 值 12 以上后再回流 1h，回收溶剂，浓缩物用 50mL 水溶解，用盐酸调 pH 值约为 2，冷却、结晶、洗涤、干燥，即得中间体 1-(4-羟基-6-甲基-2-嘧啶基)-3-甲基吡唑啉-5-酮（熔点 192～196℃）。

4. 依匹唑(Ⅳ)制备

在 250mL 的三口烧瓶中加入 5g 甲醇钠、5.15g 1-(4-羟基-6-甲基-2-嘧啶基)-3-甲基吡唑啉-5-酮和 50mL 二甲基乙酰胺，于 30℃搅拌后滴加 9mL 硫酸二甲酯[1]，继续搅拌 2h，减压蒸去溶剂，浓缩物溶于 20mL 水中，用 10%氢氧化钠溶液调 pH 值 12，过滤，滤液用适量苯提取 3 次，用无水硫酸钠干燥过夜，除去苯后得油状液体，再加 1 倍量水溶解，冷却结晶，过滤后用水重结晶，得依匹唑[2]产品，测熔点。

【思考题】

1. 在制备中间体 1-(4-羟基-6-甲基-2-嘧啶基)-3-甲基吡唑啉-5-酮时为什么在回流 3h 后用碱调 pH 值？

2. 以该实验为例说明药物合成中后处理的重要性。

实验十九 比卡鲁胺的合成

比卡鲁胺（bicalutamide），化学名为 *N*-(4-氰基-3-三氟甲基）苯基-3-(4-氟苯硫酰基)-2-甲基-2-羟基丙酰胺，是一种非甾体类抗雄激素药，可用于前列腺癌的治疗。比卡鲁胺由英国某公司开发研制，1995 年首先在英国上市。由于它药效强，给药方便而且副作用少，受到人们的广泛关注。本工艺以 4-氨基-2-三氟甲基苯甲腈为起始物料，通过多步合成而得。

---

[1] 硫酸二甲酯：为防止副产物产生，用时可先用碳酸钠中和到 pH6 以上。

[2] 依匹唑：白色、微黄色的结晶粉末，熔点 88～91℃。具有苦味及特异的臭味。稍难溶于水、极易溶于乙醇和甲醇，对酸和碱均稳定。

【反应式】

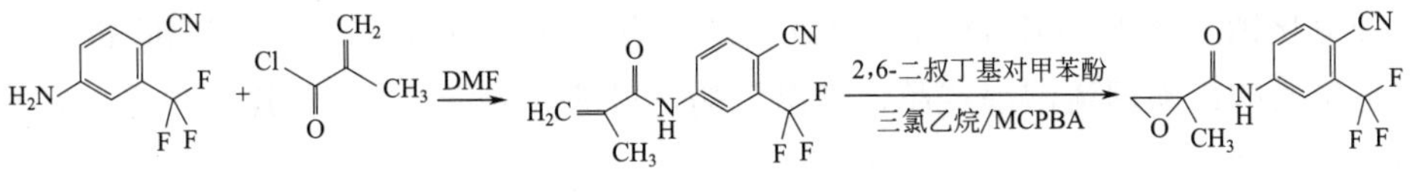

DMF

2,6-二叔丁基对甲苯酚

三氯乙烷/MCPBA

(Ⅰ)

(Ⅱ)

NaH/THF

过碳酸酰胺

甲酸/乙醇

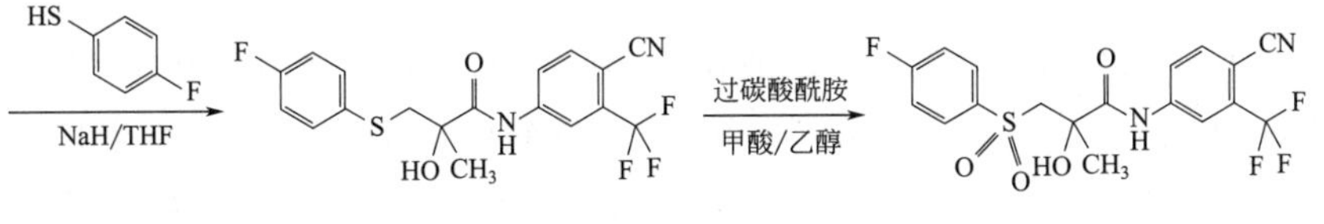

(Ⅲ)

(Ⅳ)

【主要试剂】

4-氨基-2-三氟甲基苯甲腈（30g，0.16mol），对氟苯硫酚（6.7g，0.05mol），2,6-二叔丁基对甲苯酚，三氯乙烷，*N*,*N*-二甲基甲酰胺（DMF），2-甲基丙烯酰氯，间氯过氧苯甲酸（MCPBA），二氯甲烷，氯化钠，亚硫酸钠，乙酸乙酯，氢化钠，四氢呋喃，硫酸，石油醚，甲苯，甲酸，过碳酸酰胺。

【实验步骤】

1. 酰胺化合物(Ⅰ)的制备

向三口瓶加入4-氨基-2-三氟甲基苯甲腈[1]30g、DMF 80mL，搅拌，使溶液澄清。控制温度20℃以下，滴加2-甲基丙烯酰氯20mL。滴加完毕后，于10～30℃保温反应3h，快速搅拌下缓慢加入纯化水100mL淬灭反应。抽滤，滤饼用100mL纯化水洗涤，而后将滤饼移入单口瓶中，加入甲苯100mL，加热搅拌至回流并保持20～30min，缓慢降温至5～15℃并保温析晶1h。抽滤，于(80±5)℃干燥至恒重，得到酰胺化合物，收率≥75%。

2. 环氧化物(Ⅱ)的制备

向三口瓶加入上步制得酰胺化合物25g、2,6-二叔丁基对甲苯酚18.0g和三氯乙烷100mL，搅拌回流，分批加入间氯过氧苯甲酸16g，回流反应6h。降至

[1] 4-氨基-2-三氟甲基苯甲腈为白色晶体粉末，熔点136～139℃，不能溶于水，溶于DMF、乙酸乙酯和四氢呋喃。主要用于医药、农药、染料、颜料等中间体等的合成。

室温，用二氯甲烷 200mL 萃取两次，得有机相；有机层加入氯化钠溶液[1]适量洗涤 1 次，静置分液；再加入亚硫酸钠溶液[2]100mL 洗涤，静置分液；有机层再次加氯化钠溶液 100mL 洗涤，静置分液。有机相于（65±5）℃减压浓缩至干。用适量乙酸乙酯回流溶解产品，降温析晶，过滤，（70±5）℃干燥至恒重，得环氧化物，收率≥50%。

3. 硫醚化合物（Ⅲ）的制备

向三口烧瓶中加入 2.2g 氢化钠和 30mL 四氢呋喃，冰浴冷却至 0℃，在氮气保护下加入 6.7g 对氟苯硫酚和 30mL 四氢呋喃的混合液，保持温度不超过 20℃，搅拌下滴加上步环氧化物 11.0g 和 40mL 四氢呋喃配成的溶液，保持温度不超过 20℃，滴毕，移去冰浴，室温搅拌，然后再升温至 40℃反应 4h。冷却反应液至室温，向其中滴加 10%硫酸至中性，搅拌 30min，减压蒸除四氢呋喃，残留物用乙酸乙酯溶解，再用饱和食盐水洗涤，无水硫酸镁干燥，减压蒸除溶剂，所得固体用石油醚∶甲苯＝5∶1 重结晶，得到白色晶体，（70±5）℃干燥至恒重，得硫醚化合物，收率≥70%。

4. 比卡鲁胺（Ⅳ）的制备

向三口瓶中加入硫醚化合物 10g、乙醇 40mL、80mL 甲酸，分批加入 7g 过碳酸酰胺，控制物料温度 35℃以下，约 1h 加完，而后室温搅拌 24h，停止反应。缓慢加入冰水 150mL，搅拌 1h。抽滤，滤饼用纯化水洗涤，于（85±5）℃干燥至恒重，得比卡鲁胺，收率≥90%。

【光谱数据】

红外光谱（IR，KBr 压片）（cm^{-1}）：3450（醇 νO—H）；3338，3114（νN—H）；2230（νC—N）；2626，1690（νC＝O）；1613，1592，1518（νC＝C）；1328（—SO_2—）；1053（C—F）。

【思考题】

1. 硫醚化合物制备的反应机理是什么？反应时有什么副产物？
2. 硫原子氧化为砜的方法有哪些？各自有什么特点？

---

[1] 氯化钠溶液配制方法：氯化钠加入 3.5 倍纯化水中充分搅拌。

[2] 亚硫酸钠溶液配制方法：亚硫酸钠加入 3.3 倍纯化水中充分搅拌。

实验二十 卡培他滨的合成

卡培他滨（capecitabine）是一种可以在体内转变成5-氟尿嘧啶的抗代谢类药物，由罗氏公司研制，商品名为希罗达，能够抑制细胞分裂和干扰RNA和蛋白质合成。适用于紫杉醇和有蒽环类抗生素化疗方案治疗无效的晚期原发性或转移性乳腺癌的进一步治疗。主要用于晚期原发性或转移性乳腺癌、直肠癌、结肠癌和胃癌的治疗。本工艺1′,2′,3′-*O*-三乙酰基核糖与5′-氟尿嘧啶为起始物料，通过缩合制备中间体2′,3′-*O*-二乙酰基-5′-脱氧-5-氟胞苷，而后与氯甲酸正戊酯酰胺化得2′,3′-*O*-二乙酰基-5′-脱氧-5-氟-*N*-4-[(戊氧基）羰基］胞苷，最后经水解步骤得到卡培他滨。

【反应式】

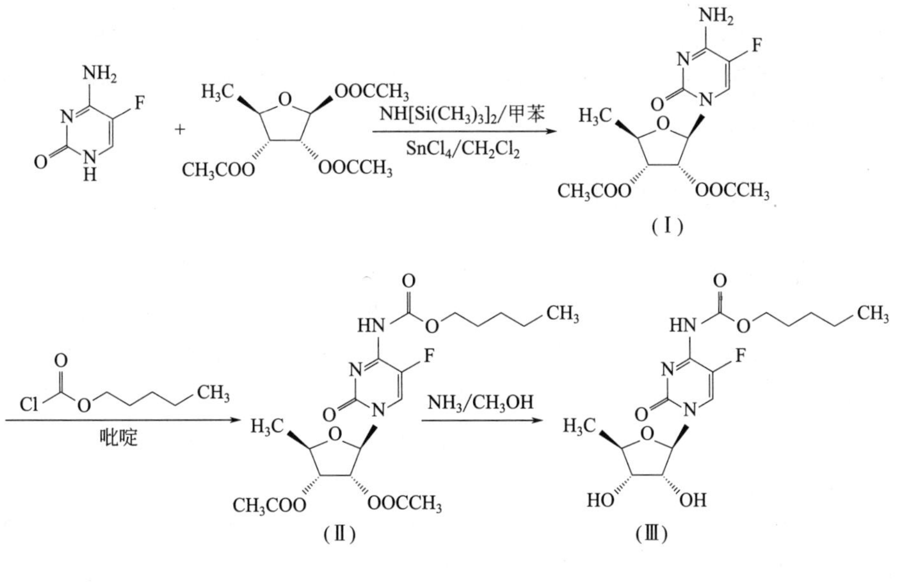

【主要试剂】

1′,2′,3′-*O*-三乙酰基核糖（26g，0.10mol），5-氟尿嘧啶（5-FU）（14.2g，0.11mol），六甲基二硅氮烷，四氯化锡，二氯甲烷，碳酸氢钠，乙醇，吡啶，氯甲酸正戊酯，氨气，甲醇，无水硫酸镁，丙酮，氯仿。

【实验步骤】

1. 卡培他滨缩合物（Ⅰ）的制备

在反应瓶中加入六甲基二硅氮烷❶30mL，5-FU❷14.2g（110mmol），搅拌使之形成悬浮液后加入甲苯 15mL，回流反应 2h。于 90℃以下减压浓缩至干，搅拌下加入 1′,2′,3′-*O*-三乙酰基核糖 26g（100mmol）和二氯甲烷 100mL，冰浴（0℃）冷却下滴加无水四氯化锡 6mL 的二氯甲烷（15mL）溶液，滴毕，撤掉冰浴，于室温反应过夜。搅拌下慢慢向反应瓶中加水 20mL，再用饱和 $NaHCO_3$ 溶液调 pH7～8；抽滤，滤饼用二氯甲烷（4×10mL）洗涤，合并滤液，用水洗涤，无水硫酸镁干燥过夜，浓缩至干，残余物用乙醇（200mL）重结晶得白色晶体，70～80℃进行干燥，称重，收率 70%以上。

2. 双乙酰基卡培他滨（Ⅱ）的制备

在三口烧瓶中加入化合物（Ⅰ）25g（76mmol）和吡啶 10mL，搅拌下于 0～5℃滴加含氯甲酸正戊酯 20g 的二氯甲烷（30mL）溶液，滴毕，于室温反应 4h，TLC 检测，展开剂为 $V_{乙酸乙酯}:V_{环己烷}=4:1$。加水 20mL，搅拌 30min 后用二氯甲烷（4×70mL）萃取，合并有机相，用水洗涤，无水硫酸镁干燥过夜，减压回收溶剂得双乙酰基卡培他滨。

3. 卡培他滨（Ⅲ）的制备

将双乙酰基卡培他滨（Ⅱ）溶于甲醇（50mL）中，搅拌下于 0～5℃通入氨气（NH_3）反应 3h，TLC 检测，直至反应完全。展开剂为 $V_{CH_2Cl_2}:V_{CH_3OH}=9:1$。减压蒸去甲醇，加水 50mL，用氯仿（3×50mL）萃取，合并氯仿层，用水洗涤 3～4 次，无水硫酸镁干燥，减压回收氯仿，残余物用乙酸乙酯-丙酮重结晶得白色固体，60～70℃进行干燥，称重，收率 65%以上。

【光谱数据】

^1H NMR δ：0.89～0.93（t，$J=6.8$Hz，3H，CH_2CH_3），1.26～1.36 [m，4H，$(CH_2)_2CH_3$]，1.41～1.43（d，$J=6.0$Hz，3H，4′-CH_3），1.68～1.71（t，

---

❶ 六甲基二硅氮烷为无色透明易流动液体。沸点 125℃，相对密度 0.76（20/4℃）。溶于有机溶剂，与空气接触会迅速被水解生成三甲硅烷醇和六甲基二硅醚。闪点 −1℃。

❷ 5-氟尿嘧啶为白色或类白色结晶性粉末。熔点 282～283℃，0.1mol/L 盐酸溶液在 265nm 波长处有最大吸收。微溶于水和乙醇，不溶于氯仿和乙醚，溶于稀盐酸和氢氧化钠溶液。

$J=6.8Hz$，2H，OCH_2CH_2），3.88（s，1H，3′-H），4.18～4.29（m，6H，OCH_2，2,3-OH，2′,4′-H），5.73（s，H，1′-H），7.80～7.98（brs，2H，6-H，NH）。

【思考题】

1. 六甲基二硅氮烷作用是什么？其加入后成品中需要关注哪些杂质？

2. 本工艺采用氯甲酸正戊酰氯进行酰胺化反应，除此之外，还有哪些方法可以进行卡培他滨酰胺键的合成？

实验二十一 舒尼替尼的合成

舒尼替尼（sunitinib），药品名索坦（sutent），是一种新型多靶向性的治疗肿瘤的口服药物。舒尼替尼用于治疗对标准疗法没有响应或不能耐受的胃肠道基质肿瘤和转移性肾细胞癌。本工艺采用一锅煮法合成舒尼替尼，反应效率高，适用于大规模生产。

【反应式】

COOH OHC N H + F N H O + H_2N $N(CH_2CH_3)_2$ —CDI, $CH_3CN/N(CH_2CH_3)_3$→ F N H O N H NH O $N(CH_2CH_3)_2$

【主要试剂】

5-甲酰基-2,4-二甲基-1*H*-吡咯-3-羧酸（0.33g，2mmol），羰基二咪唑（CDI）（0.39g，2.4mmol），5-氟-1,3-二氢吲哚-2-酮（0.3g，2mmol），2-(二乙氨基)乙二胺（0.56mL，4mmol），四氢呋喃，三乙胺，乙腈，乙醇。

【实验步骤】

在50mL烧瓶中加入5-甲酰基-2,4-二甲基-1*H*-吡咯-3-羧酸[1]0.33g（2mmol）、2-(二乙氨基)乙二胺（0.56mL，4mmol）、CDI[2]0.39g（2.4mmol）和四氢呋喃

---

❶ 5-甲酰基-2,4-二甲基-1*H*-吡咯-3-羧酸为黄色晶体粉末。熔点283℃，相对密度1.34。微溶于水，可溶于四氢呋喃和DMF等有机溶剂。

❷ 羰基二咪唑（CDI）为白色晶体。熔点115.5～116℃，遇水即分解。

6.7mL。于45℃加热反应2h。减压蒸去四氢呋喃，得黄色固体5-甲酰基-2,4-二甲基-1*H*-吡咯-3-酰基咪唑粗品。粗品不经分离直接加入0.3g（2mmol）5-氟-1,3-二氢吲哚-2-酮、0.83mL三乙胺和7.6mL乙腈，60℃搅拌加热15h，析出大量黄色固体，冷却，抽滤，乙醇重结晶，过滤，50～60℃进行干燥，称重，收率60%以上。

【光谱数据】

^{1}H NMR（$CDCl_3$）δ：1.03（t，6H，*J*＝7.0Hz）、2.37（s，3H）、2.57（s，3H）、2.51～2.54（m，6H）、3.50（m，2H）、6.64（brs，1H）、6.77～6.80（dd，1H，*J*＝4.3，8.6Hz）、6.82～6.88（m，1H）、7.13～7.17（dd，1H，*J*＝2.4,8.9Hz）、7.28（s，1H）、8.40（s，1H）、13.38（s，1H）。

【思考题】

1. 该反应用羰基二咪唑催化机理是什么？

2. 羰基二咪唑遇水分解为何种物质？为什么用羰基二咪唑催化时要保持溶剂干燥无水？

参考文献

[1] 王树清，高崇．1-苯基-3-甲基-5-吡唑啉酮合成工艺研究 [J]. 染料与染色，2004，2：114-115.

[2] 李丽娟．药物合成反应技术 [M]. 北京：化学工业出版社，2008.

[3] 马海霞．三唑酮及其盐的合成、结构、热分解机理、非等温热分解反应动力学及理论研究 [D]. 西安：西北大学，2004.

[4] 宋航．制药工程专业实验 [M]. 北京：化学工业出版社，2010.

[5] 杨树，高天荣．硫酸氢钠催化合成乳酸正丁酯的研究 [J]. 化学试剂，2002，24 (5)：303-304.

[6] 苏为科，何潮洪．医药中间体制备方法，第一册 抗菌药中间体（一） [M]. 北京：化学工业出版社，2001.

[7] 姚其正，王亚楼．药物合成基本技能与实验 [M]. 北京：化学工业出版社，2008.

[8] 曹会兰，杨建武．L-抗坏血酸棕榈酸酯的合成及应用 [J]. 西北农林科技大学学报（自然科学版），2003，31 (5)：121-122.

[9] 李叶芝，郭纯孝，刁家寅．新拆分试剂 *R*(－) 四氢噻唑-2-硫酮-4-羧酸 *R*,*S*-α-苯乙胺拆分的研究 [J]. 高等学校化学学报，1998，19 (5)：757-759.

[10] 刘东志，曲红梅，肖义．7-氨基去乙酰氧基头孢烷酸（7-ADCA）的合成研究Ⅰ．青霉素 G 钾盐的氧化 [J]. 中国抗生素杂志，2000，25 (2)：103-104.

[11] 李叶芝，郭纯孝，胡学山．R-四氢噻唑-2-硫酮-4-羧酸的合成及其晶体结构 [J]. 高等学校化学学报，1997，18 (6) 898-901.

[12] 王婷婷，李俊峰，黄明刚，等．抗氧化法制备高旋光度的新型手性拆分试剂 *R*-四氢噻唑-2-硫酮-4-羧酸 [J]. 华西药学杂志，2006，21 (3)：224-226.

[13] 傅建龙．从硝基甲苯合成硝基苯乙酸 [J]. 华南理工大学学报（自然科学版），1994，22 (5)：66-71.

[14] 张雪，李胜辉，王书香，等．阿克他利的合成 [J]. 河北大学学报（自然科学版），2008，28 (2)：178-181.

[15] Robertson G R. Org. Synth. 1941，Coll. Vol. 1，406.

[16] 陈双伟，杨建国，金庆平，等．米力农的合成工艺改进 [J]. 中国药物化学杂志，2009，19 (4)：261-262.

[17] 陈芬儿．有机药物合成法 [M]. 北京：中国医药科技出版社，1999.

[18] 北京大学化学学院有机化学研究所．有机化学实验 [M]. 第 2 版．北京：北京大学出版社，2002.

[19] 关烨第，李翠娟，葛树丰．有机化学实验 [M]. 第 2 版．北京：北京大学出版社，2002.

[20] 刘芳妹．药物化学实验 [M]. 北京：中国医药科技出版社，2001.

[21] 魏巍，王学东，崔玉民．间接法合成葡萄糖酸锌及其表征 [J]. 阜阳师范学院学报（自然科学版），2006，23 (4)：43-45.

[22] 温新民，张波，王惠云．微波法合成奥沙普秦 [J]. 济宁医学院学报，2006，29 (1)：10-11.

[23] 韩立伟，白术杰．贝诺酯合成的工艺改进 [J]. 黑龙江医药科学，2007，30 (2)：26.

[24] 徐宝峰，赵爱华．相转移催化合成盐酸萘替芬 [J]. 化学世界，2002，(7)：374-377.

[25] 尤启东．药物化学实验 [M]. 北京：中国医药科技出版社，2000.

[26] 王书勤．世界有机药物专利制备方法大全，第一卷 [M]. 北京：科学技术文献出版社，1995.

[27] 长沙理工大学．布洛芬的制备方法．中国，200910042425.8 [P]. 2009.6.17.

[28] 朱宝泉，李安良，杨光中，等．新编药物合成手册（下卷）[M]. 北京：化学工业出版社，2003.
[29] 宋丽华，谢业兴．己酮可可碱的合成工艺改进 [J]. 山东医药工业，2001，20（5）：4.
[30] Bowman R M，Steele R E，Browne L. Alphheterocyclc Substituted Tolunitriles. US：4978672 [P]. 1990-1018.
[31] 郭官安．微波辐射法合成联苯乙酸的工艺研究 [D]. 武汉：武汉科技大学，2010.
[32] 国家药典委员会．中华人民共和国药典，2010 年版，二部 [M]. 北京：中国医药科技出版社，2010.
[33] 上海医药工业研究院．药品集 第九分册 神经系统药物 [M]. 上海：上海科学技术出版社，1985.
[34] 高恩民．临床多用药物手册 [M]. 郑州：郑州大学出版社，2006.
[35] 何月光．新编实用药物学 [M]. 第 2 版．北京：北京科学技术出版社，2008.
[36] Furniss B S. Vogel's textbook of practical organic chemistry [M]. Longman London，1996.
[37] 刘巍．大学化学实验基础知识与仪器 [M]. 南京：南京大学出版社，2006.